# 和服

## 木棉、絲綢、小紋，森田元子的優雅穿搭提案

MORITA MOTOKO

# 序

我在五十歲之後，突然想說「來開一家店吧」！
「和服好像挺有意思的」，於是就這樣了。
很快地，經營這家店也超過了十年。
年紀已不小的我，一路以來失敗了許多次。
現在我覺得和服愈來愈有意思。
我會在這本書中介紹「木棉」、「絲綢」、
「小紋」這三種基本款和服。
基本上只要有這三種和服，
我想在日常生活中就很足夠了。
舉例來說，木棉和服是最適合在家裡穿的和服。
穿圍裙、把衣袖綁起來，打掃、做菜，
或是拿著小錢包去住家附近買東西，
還有雖然不常見到有人這麼做，
但也可以穿和服去爬山（我做過）喔！
雖然和服一定比洋服不好活動，
但只要穿上了和服，你會感覺與穿洋服差不多，
而且不會覺得緊綳……

絲綢和服的價錢雖然一般，不過不會被當作普通外出服，
因此如果要去有點正式的場合就可以穿。
去美術館和藝廊欣賞你喜歡的藝術作品、
去劇場看你喜歡的演員表演，
尤其是去南座看歌舞伎，
被花街的人們招待看狂言表演時，
我們這種一般人就可以穿絲綢和服（我一直很努力，卻還沒能實現）。
在年紀漸長的現在，
我覺得絲綢和服最能滿足以下三件事：
穿起來很舒服、穿和服的規矩，以及穿著好衣服時那種珍惜的心情。
接著，小紋和服是最適合簡單外出時穿的。
穿起來合身、舒服，是最出類拔萃的服裝。
總之，穿的時候的季節、自己的心情、對周遭人的想法、
日本人特有的美感與纖細，
都可以藉由身上穿的和服花樣與顏色等表現出來，
讓人忍不住想高呼「謝謝日本」！
不用想得太複雜，雙肩放鬆，嘗試看看「穿和服的我」吧？
既深遠又寬廣的和服世界正在等你！

MORITA MOTOKO

京都著名的室町街上和服批發商林立，小小的和服店「omo」悄然佇立其中。若是正好路過，可以進去和MORITA聊聊天。

●2020年遷移至以下地址：
京都市左京區鹿谷法然院西町59-5
四、五、六 11點～17點
☎075-744-1074
http://www.omo-kimono.com/

※本書所記載之店鋪為2021年4月資訊。

# 目次



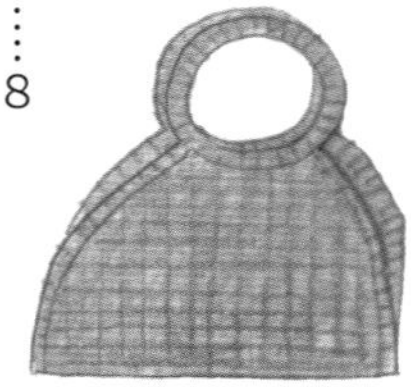

# 第三件 小紋和服……75



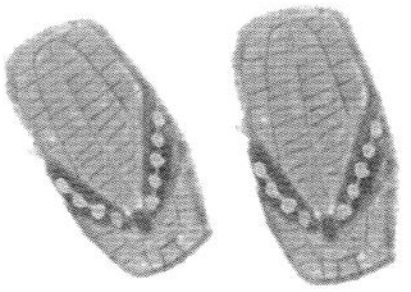

Column 1

## 布包

因為我平日常穿絲綢的服裝，因此常拿的包包多半是托特布包。這個包包是朋友——布製手工藝創作者昆布尚子所設計與製作的。由和布、洋布、各式各樣的新布與舊布組合而成的包包，無論與洋服或和服都很搭，如緞帶般的提把有畫龍點睛之效。

＊布包的作法請參照一三六頁。

# 第一件，木棉和服

我的店剛開時，率先陳列在店裡的就是伊勢木棉。木棉和服的價錢親民，有洋服的感覺，且能自由選擇的種類很多，是其魅力所在。在和服的規矩中，對於日常穿的木棉和服似乎也比較寬容。沒有比色彩豐富的和服更棒的了，我的和服生活就是從這件木棉和服開始。

# 簡單的伊勢木棉

## 適合去住家附近與散步

與襯衫、罩衫一樣，對我們來說，木棉是隨手可得的素材。
日常穿著如果是和服的話，工作和服多半以深藍色木棉為主。
除了工作和服，木棉和服的顏色花樣豐富到難以想像，而且很時尚。

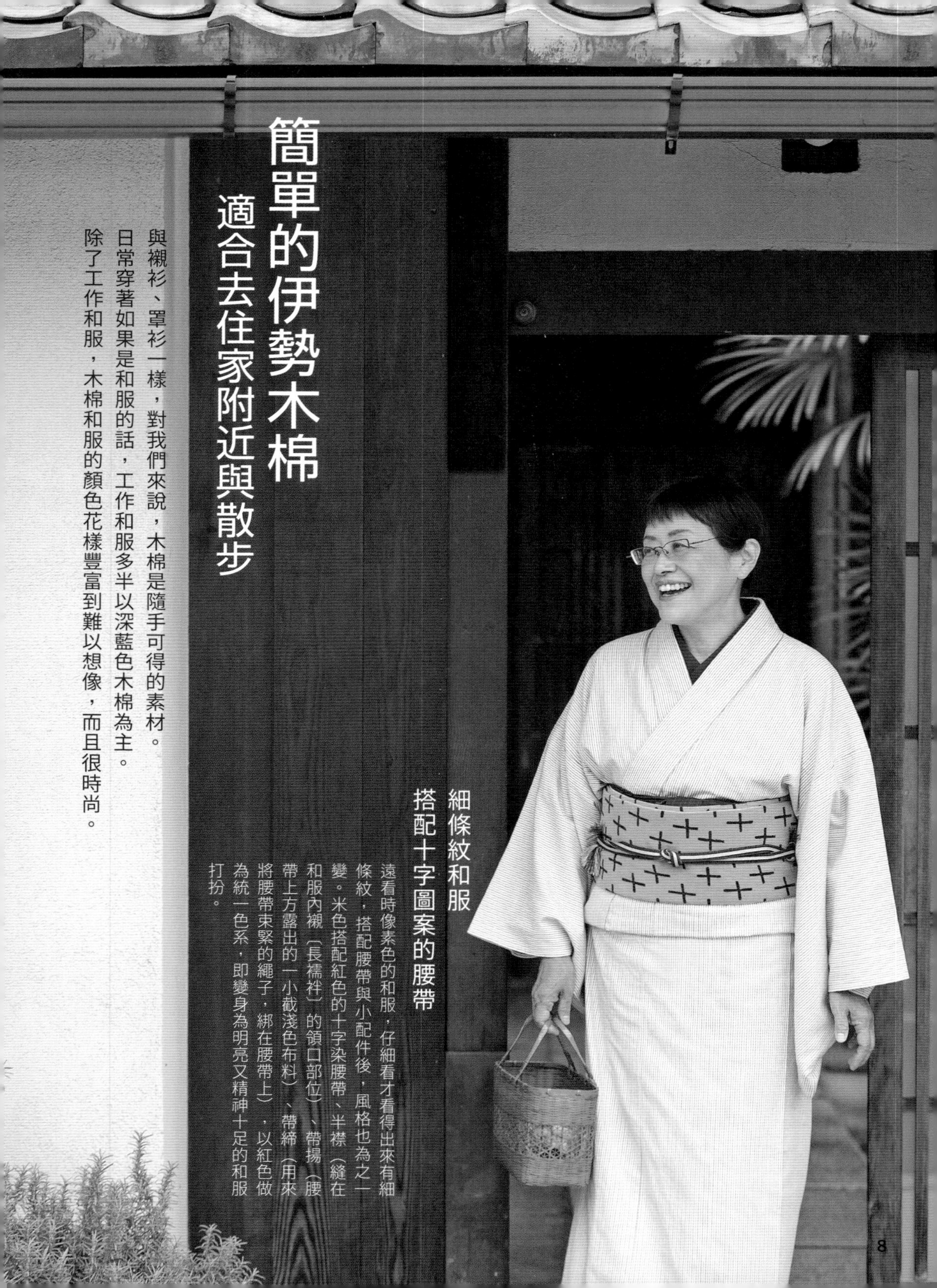

### 細條紋和服 搭配十字圖案的腰帶

遠看時像素色的和服，仔細看才看得出來有細條紋，搭配腰帶與小配件後，風格也為之一變。米色搭配紅色的十字染腰帶、半襟（縫在和服內襯（長襦袢）的領口部位）、帶揚（腰帶上方露出的一小截淺色布料）、帶締（用來將腰帶束緊的繩子，綁在腰帶上），以紅色做為統一色系，即變身為明亮又精神十足的和服打扮。

黃色格紋搭配同色系的普普風腰帶，非常可愛。

穿起來的感覺像襯衫的木棉和服。米色的布料搭配有手繪花朵與蝴蝶圖案的獨創腰帶，最適合春天散步時穿。帶揚與帶締是同色系的，搭配起來很協調。【包包／三橋工房】

# 選一件你喜歡的木棉和服

日本許多地方都有能製作木棉和服的布料，但我最喜歡的是三重縣津市生產的伊勢木棉。豐富多樣的現代感與時尚的花色，讓人對木棉和服的喜愛倍增。

細條紋、粗條紋、小格紋、大格紋……
好好感受伊勢木棉的條紋與格紋的樂趣吧。

悄然佇立的臼井織布於江戶中期創立，目前經營者是第九代繼承人臼井成生。老屋內設有販售伊勢木棉小物的商店。

◆我喜歡的木棉織物

# 臼井織布的伊勢木棉

伊勢木棉以前在三重縣伊勢平野生產，所以成為木棉織物的總稱，但現今只剩下臼井織布還在生產。

臼井織布從紀勢本線的一身田站走路約十二分鐘。

日本三重縣伊勢平野在文祿年間（一五九二～一五九六年）即栽培棉花，以手工紡紗（現今主流是機器紡織）後再織成布，從江戶後期至二次大戰後都是木棉織物的主要生產地。位於三重縣津市，從江戶時代持續經營的老鋪臼井織布則是今日唯一一家伊勢木棉製造廠。

一般來說，布包巾和手拭巾等是先織成白布再染上各種顏色與花樣，和服的布料則是先將線染色後再織。臼井織布主要也是將線染色後再織成和服布料，但有一部分會織成精緻的白色木棉布，做為染色的素材。

如今的當家老闆臼井成生與我同年，我們偶爾見到面時，話題都是「哪裡痛、這裡不舒服」（炫耀病痛？），常常聊到忘記要談重要的公事。

開「ｏｍｏ」之前，我經常造訪他們位於一身田的工廠。為了拿到獨創的伊勢木棉，我會窩在織線房裡，從各式各樣的線裡取出一束又一束再做出各種排列組合，拜託他們織出我要的花色，直到被招待美味的鰻魚飯後才打道回府。

幾個月後總算看到完成的布匹時，有些和預期中一樣便很開心，有些和想像中不同則很失望，有各種不同的情況。然而，用一束一束的線排列組合這件事仍然讓人廢寢忘食，是很愉快的時光。還記得那時正值寒冷的冬天，因為長時間窩在沒有暖氣的織線房裡，我還得了重感冒。

晚秋某一天，我為了寫這本

書而前往很久沒去的一身田工廠。建築外觀與以往一樣相當有分量，但一往裡頭走，我大感驚訝地發現裡面充滿了活力。織線房移到比以前大好多倍的地方，房間裡的機器全力轉動，好幾臺動力織布機正在織各種不同花色的伊勢木棉，發出的喀噠喀噠大到連說話聲都很難聽清楚。

上右／木棉線的原料是溫熱的棉花（棉花球）。木棉溫暖又親膚舒適或許是因為棉花的緣故。上左、下／從棉花做成的木棉線，再將其織成白色木棉布。

發出喀噠喀噠聲的是從明治時代傳下來的舊式自動織布機，這一批共十幾臺的豐田式動力織布機從以前就使用撚紗的單線織出蓬鬆的木棉織物。雖然是自動機器，但得有人在一旁增添或看顧線的狀況與織出來的布，也經常需要以人力進行些微調整。

織好的布匹圖樣好、顏色美，一點都不過時，完全就是現代的「伊勢木棉」。我認為臼井伊勢木棉的魅力，素材柔軟只是其中之一，現代感的花色更是其魅力所在。最佳證明是臼井的伊勢木棉不只能拿來做和服，也是很受歡迎的洋服布料。我自己就常常拿來做成裙子和褲子，也同樣適合做包包與圍裙等平日用的小東西。

那天臼井先生看起來比平常還要有精神，我想是因為兒子願意繼承家業，讓他很開心的緣故，但我倆還是彼此激勵對方「還沒有到退休的時候」。當然，那天我又被招待了鰻魚飯。

織物是由縱線與橫線的組成來表現花色。右邊是用來呈現其花色設計圖的工具。

使用很久的動力織布機。一臺動力織布機一天可以織一反（約十三公尺長）。織出來的顏色、格紋、條紋相當時尚是其特色，同樣的材料來織，也無法織出完全一樣的花色。

# 半襟，讓木棉和服更多變化與樂趣

和服的半襟基本上是白色的，從輕鬆到正式都可以用。木棉和服當然可以搭配白色的半襟，只不過如果搭配有花色的半襟，風格也將為之一變，休閒感倍增。尤其推薦給想要洋服感覺、輕鬆穿和服的人。半襟除了可以買現成品，也可以利用零碎布料自己製作。

**洋服的碎布**

大格紋的木棉和服配上同色系的格紋半襟（洋服的碎布）具有統一感。

## 型染的半襟

搭配圖案給人強烈印象的半襟，領口即變得無比華麗。由於與和服同色系，無論是多麼大膽的花樣仍有一體感。

## 黑底的手拭巾

底色為紅色的和服搭配顏色同樣強烈的黑色半襟，達成整體平衡。細長的手拭巾很適合做成半襟。

## 和服的碎布

做和服剩下來的零碎布料、拆開的舊和服等，可以利用這些留下來的零碎布料。絹製的半襟極具時尚感。

# 與木棉和服很搭的漂亮半幅帶

如果你想更簡單地穿輕鬆的木棉和服，我推薦半幅帶。半幅帶只有一般腰帶的一半寬度，比較沒有繫腰帶的感覺，穿起來比較像穿浴衣。

大格紋的伊勢木棉搭配雙面花色的木棉半幅帶。綁結時下點工夫，讓腰帶兩面的花色都能表現出來，更顯時尚。【腰帶／三橋京子製作】

＊腰帶的綁法參見二十～二十三頁。

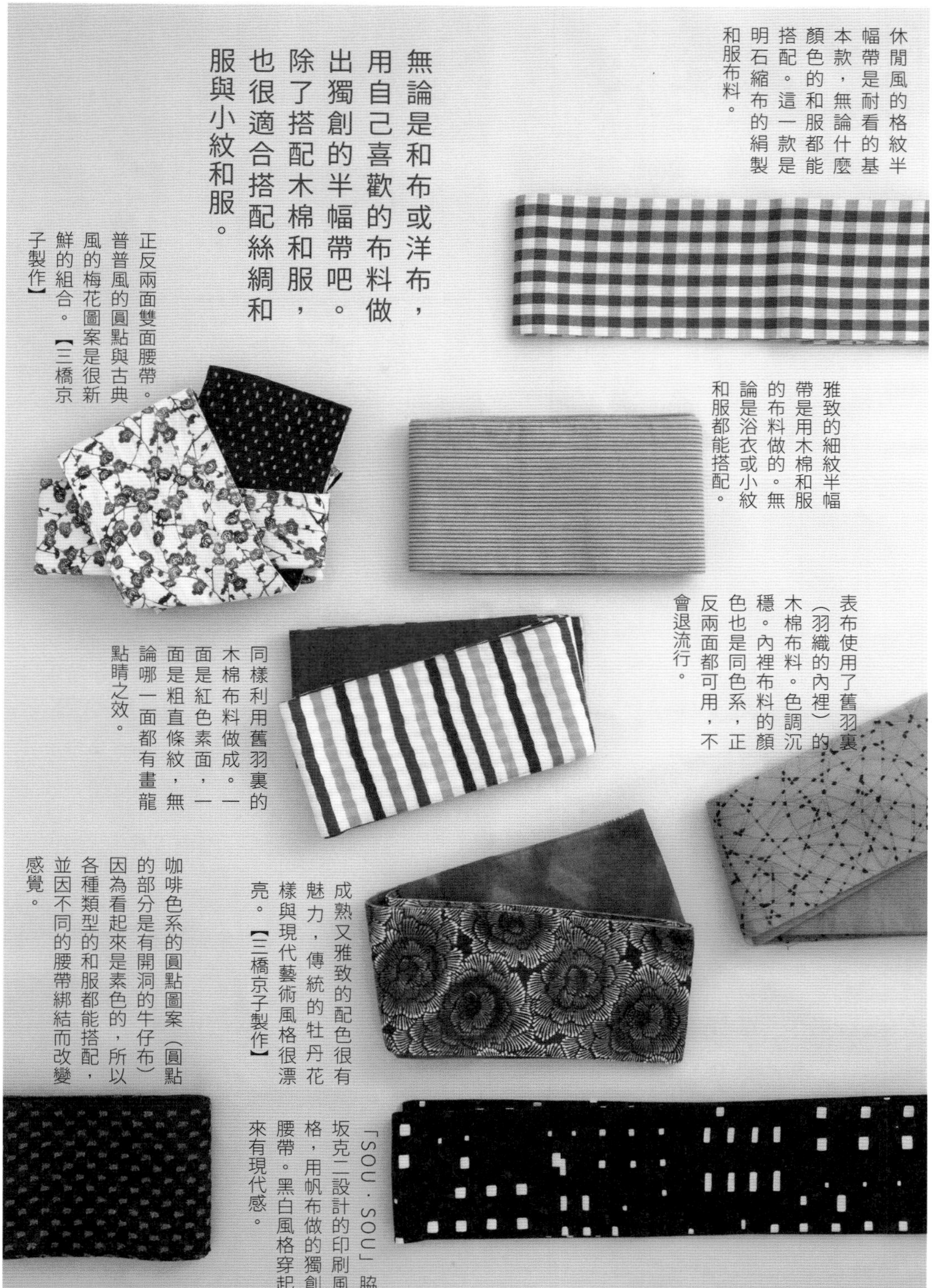

無論是和布或洋布，用自己喜歡的布料做出獨創的半幅帶吧。除了搭配木棉和服，也很適合搭配絲綢和服與小紋和服。

休閒風的格紋半幅帶是耐看的基本款，無論什麼顏色的和服都能搭配。這一款是明石縮布的絹製和服布料。

正反兩面雙面腰帶。普普風的圓點與古典風的梅花圖案是很新鮮的組合。【三橋京子製作】

雅致的細紋半幅帶是用木棉和服的布料做的。無論是浴衣或小紋和服都能搭配。

表布使用了舊羽裏（羽織的內裡）的木棉布料。色調沉穩。內裡布料的顏色也是同色系，正反兩面都可用，不會退流行。

同樣利用舊羽裏的木棉布料做成。一面是紅色素面，一面是粗直條紋，無論哪一面都有畫龍點睛之效。

成熟又雅致的配色很有魅力，傳統的牡丹花樣與現代藝術風格很漂亮。【三橋京子製作】

咖啡色系的圓點圖案（圓點的部分是有開洞的牛仔布）因為看起來是素色的，所以各種類型的和服都能搭配，並因不同的腰帶綁結而改變感覺。

「SOU・SOU」脇坂克二設計的印刷風格，用帆布做的獨創腰帶。黑白風格穿起來有現代感。

# 適合大人的半幅帶綁法

## 割角出結

角出結的綁法就像微微崩塌的太鼓結，用半幅帶綁出的角出結就是割角出結。將下垂的腰帶做成太鼓的形狀。

浴衣、木棉和服與絲綢和服都可以綁角出結，如果想要遮掩臀部，可以用長一點腰帶自由變化。【腰帶／三橋京子製作】

**1**

繫上附有鬆緊帶的帶板，因為要在身體前面打好結後再轉到後面去，因此繫帶板時要前後相反。

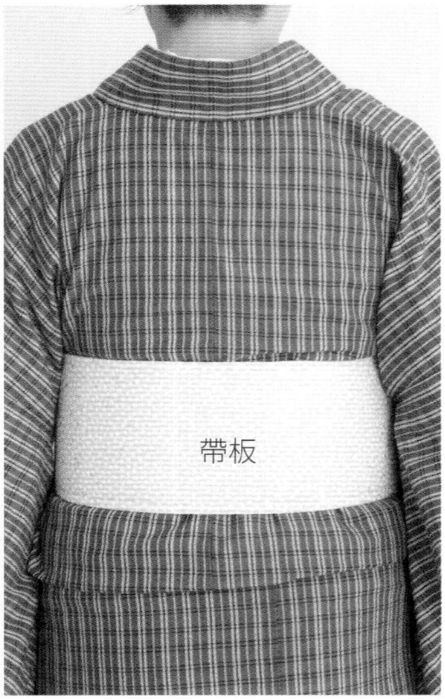


**2**

將腰帶對摺，腰帶前端斜掛在右肩上。

**3**

在纏繞身體的伊達締的位置，將腰帶前端的寬度拉大。

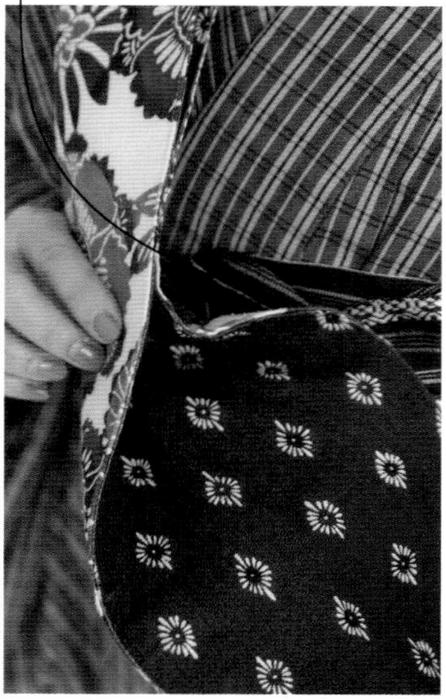


**4**

從身體的中心位置開始纏繞腰帶。寬度拉大之處用夾子夾好，讓腰帶不會走型。

**5**

左手抓著腰帶下緣，繞腰部一圈。右手抓著纏繞起始處會比較好纏。

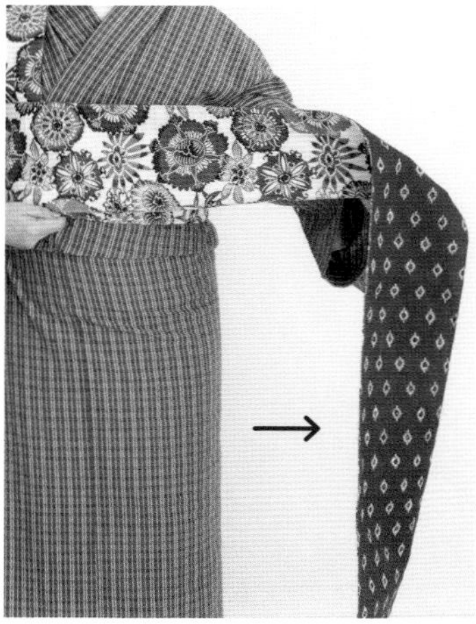

**6**

腰帶再纏繞身體一圈（總共兩圈）後，讓右肩上的前端與下垂端在身體正前方交疊。

**7**

下垂端在上，與前端打結。

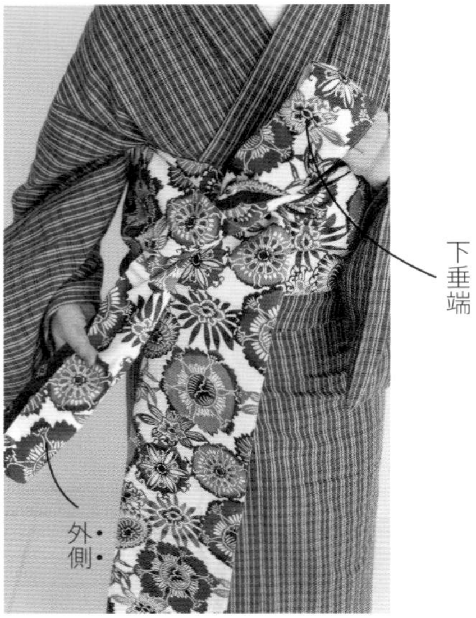


**8**

將下垂端全部拉上來，確實綁好。

**9**

將腰帶前端如圖往上摺，右手在彎折處保留一個圈圈。

**10**

左手抓著腰帶前端，右手伸進圈圈裡拉出下垂端。調整左右角的長度，盡可能一致。

**11**

將下垂端拉寬，穿過結的下方，從上方抽出來。

**12**

再一次，將下垂端從結的下面穿過去後再拉上來。太鼓的大小依據腰帶的長度與體型調整成適合的形狀。

**13**

如果想露出腰帶內裡，可在這時將腰帶翻面。

腰帶前端的表布

**14**

再次將下垂端從結的下面穿過去後再拉上來。最後將腰帶往身體右邊轉到背後，完成。

# 變化型半剪結

前帶將第一圈與第二圈稍微有些錯開，看起來技術更高明。

半剪結是時代劇裡只穿外衣不穿袴褲的武士會綁的結，又稱為浪人結或武士結。用半幅帶挑戰一下這種結的打法吧。

**1** 如果是要將帶板前後相反地綁在腰上，先將帶板寬度摺對半，將手臂伸直，確認腰帶前端的長度。

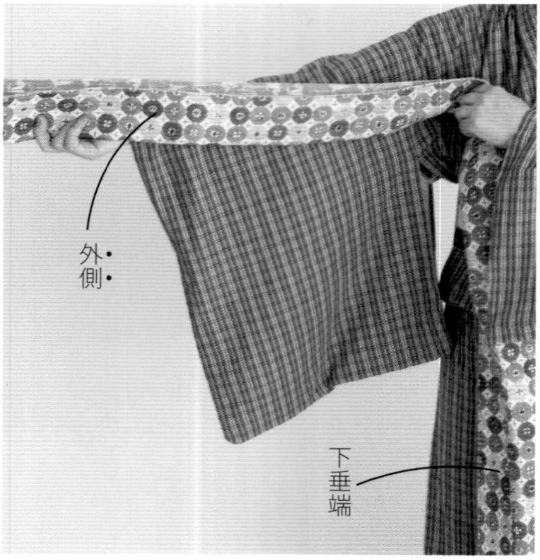

可以稍微看到雙面腰帶的內裡是畫龍點睛之處。【腰帶／三橋京子製作】

**2**

先將腰帶前端放在左肩上，在伊達締的高度將腰帶的寬度拉大，開始纏繞第一圈。

**3**

腰帶纏繞身體第二圈時，取下夾子，將前端與下垂端拉緊。

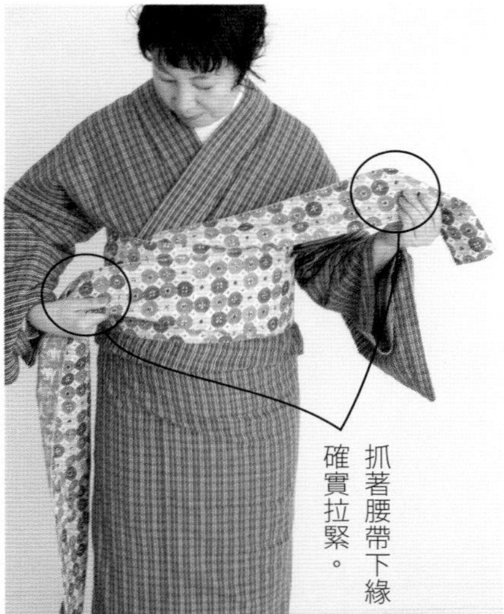


**4**

將前端與下垂端確實重疊，這樣才能決定下垂端的長度。在★的地方（前端腰帶的頂端）將下垂端反摺。

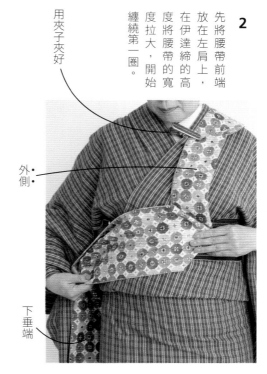

**5**

在★的地方將下垂端往內摺，多出來的腰帶整齊地纏繞到身體上。

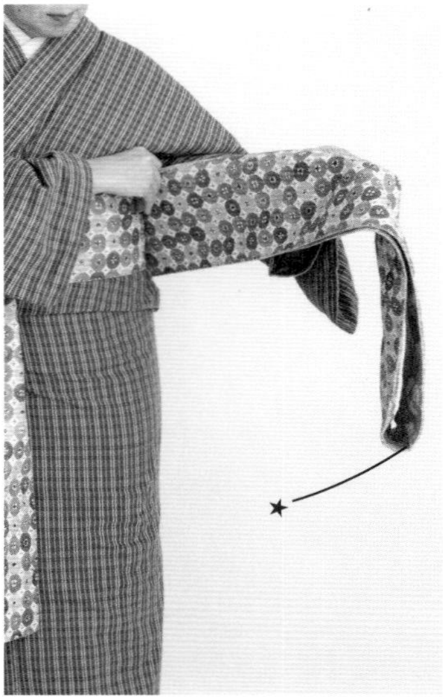


**6**

左右手分別抓著腰帶前端與下垂端。

外側

**7**

下垂端在上，與前端打結。

**8**

將下垂端放在左肩上，如果有需要可以用夾子。

**9**

如果想露出腰帶內裡，在這時將前端的內裡翻出來。

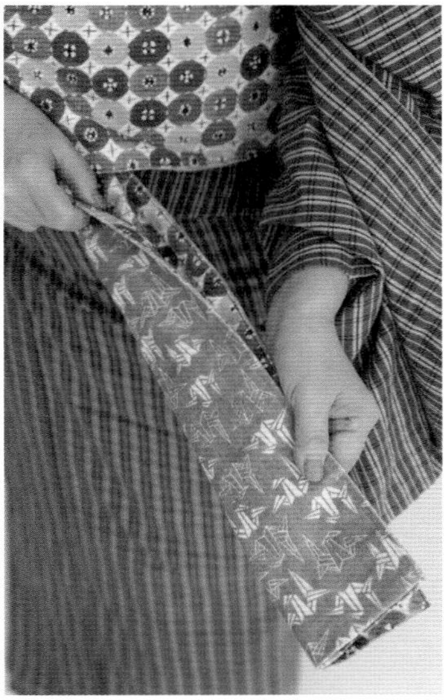

**10**

將前端往斜上方摺。

**11**

拿掉夾子，下垂端彷彿要蓋住前端似地穿過伊達締與腰帶之間。

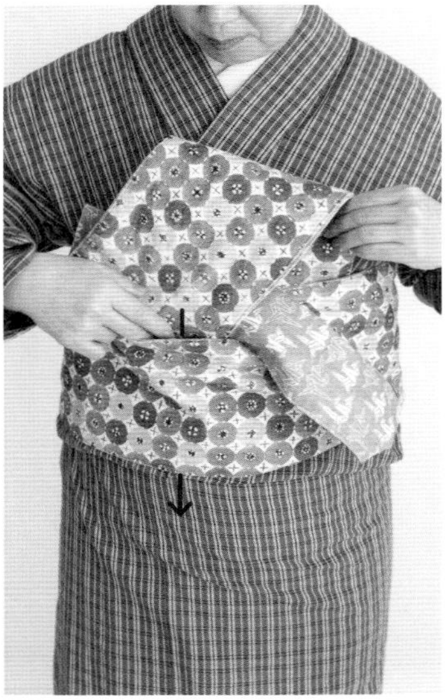

**12**

下垂端穿過之後，就能固定前端了。整理好，再從右邊把腰帶轉到背後。

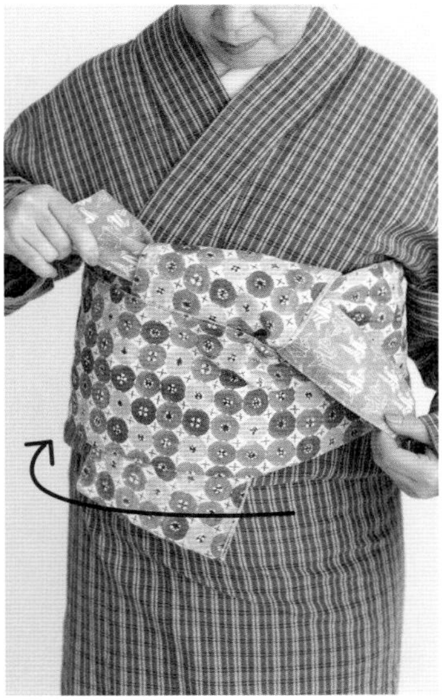

# 用自己喜歡的布
# 製作獨創的二部式帶吧

纏繞身體的部分與太鼓結的部分各自分開，一般稱為二部式帶。腰帶綁法當然很簡單，最大的優點是能用自己喜歡的布製作出獨一無二的腰帶。

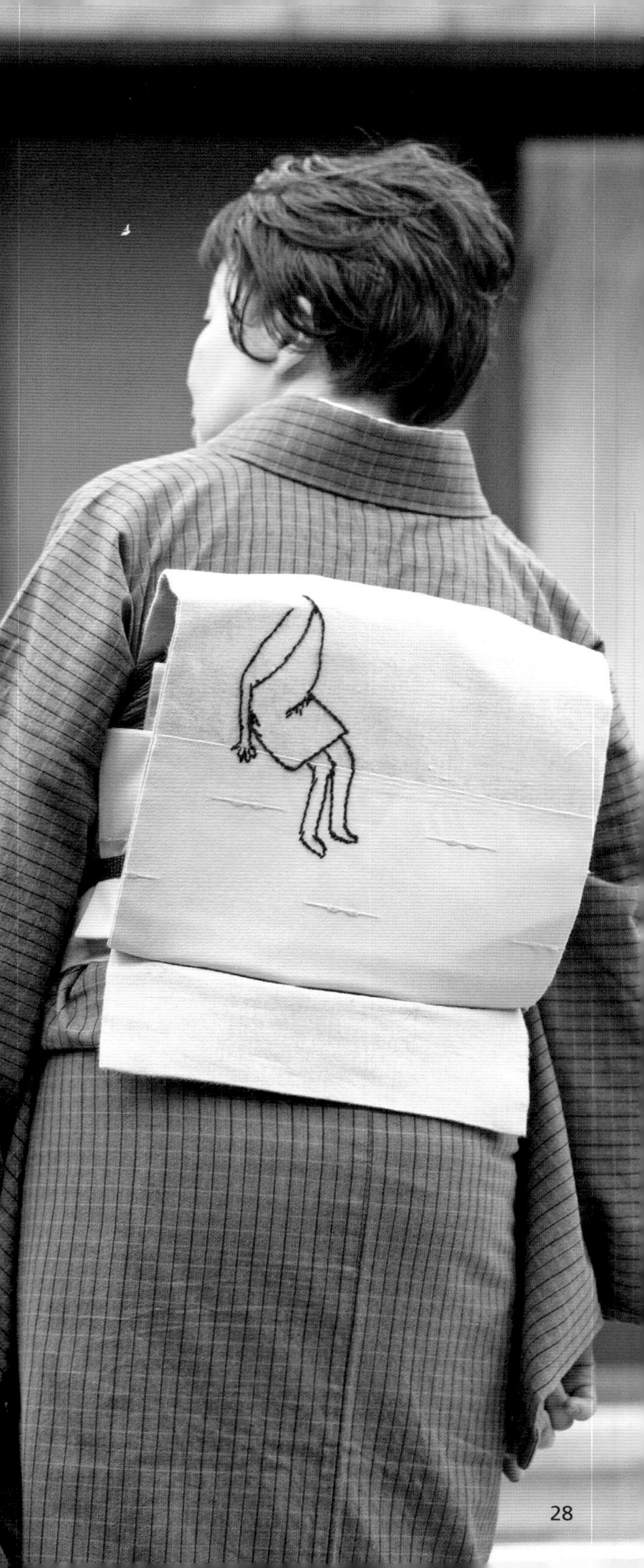

### 風格質樸的腰帶是我的愛物之一

腰帶用兩種素色布料做成，太鼓上的女子與腰帶前面的椅子都是我自己畫的。刺繡的發想是在雜誌上看到外國插畫而得到的靈感，改弄成我自己的風格。我沒有畫底圖、直接就繡上去，所以線條有些歪斜，但也很可愛。

## 百合花樣的現代風家飾織品

我把在歐洲找到的窗簾布做成了腰帶。雖然圖案很大膽，但顏色很沉穩。拿來搭配灰色系的格紋木棉和服，搖身一變為成熟大人的雅致風格。

## 重點是協調性，我珍藏的二部式帶

即使是同一件和服，
只要換不同腰帶，整個感覺就大不相同。
「我想要別人沒有的腰帶」，
所以就開始做二部式帶了。
經過反覆失敗之後，
終於變成現在的樣子。
纏繞身體的部分與太鼓的大小相等，
可以依照自己的體型與喜好自由製作。

＊二部式帶的作法請參考一四〇～一四三頁。

我喜歡抽象、風格大膽的花色，布料的材質是瑞士製的刷毛木棉。

白色圓點內的圖案很可愛，絹製的型繪染。【腰帶／關美穗子製作】

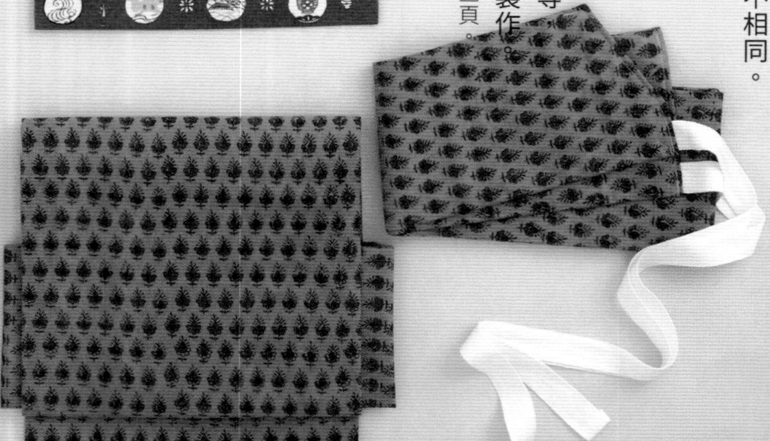

充滿異國風情的印度棉更紗（印花棉布）。底色素淨，圖案細緻，能搭配各種不同和服。

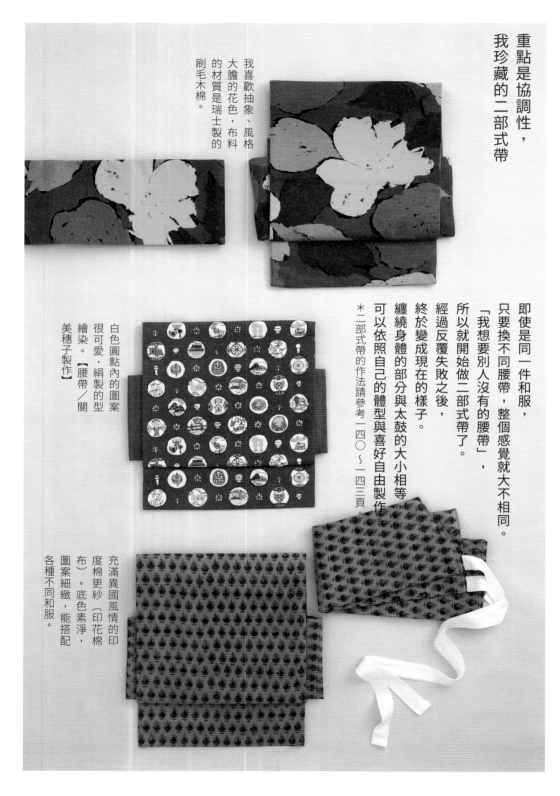

紐約品牌的沙發布料。四方型窗戶般的圖案很獨特。

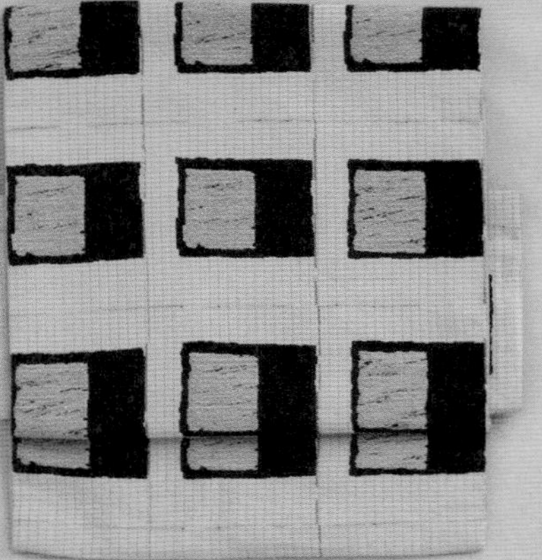

右／咖啡色的木棉布料與絹製的舊和服布料拼貼而成的原創設計。前面的部分是繡花。
左／日本品牌的沙發布料。條紋圖案與玫瑰花的組合給人時尚感。

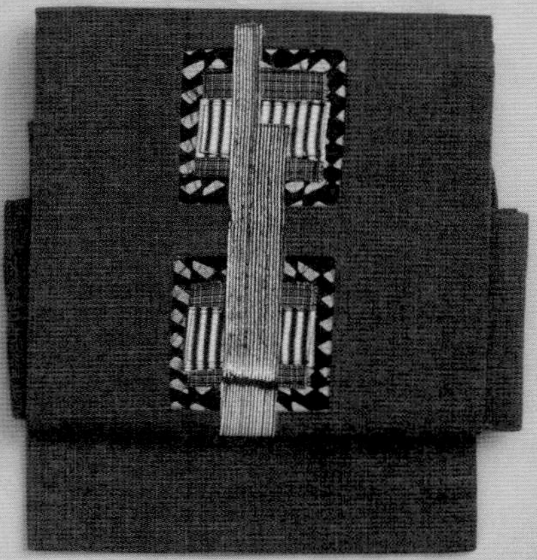

右／白色布料上有粉紅色香水瓶的刺繡，配色有些甜美的木棉布是法國製的窗簾布料。
左／我將在老家找到的收藏──老式藍染的布包巾（以前可能是坐墊布）拿來活用，搭配具現代感的和服也很好看。

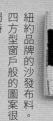

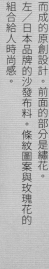

# 五分鐘就能完成的二部式帶綁法

將腰帶的部分在腰際繞兩圈，然後在背後綁上太鼓。不一會兒功夫就能完成形狀漂亮的太鼓結。

*帶枕鬆緊帶的綁法請翻至一〇二頁，帶揚和帶締的綁法請參照一一四～一一七頁。

**1** 繫上附有鬆緊帶的帶板。

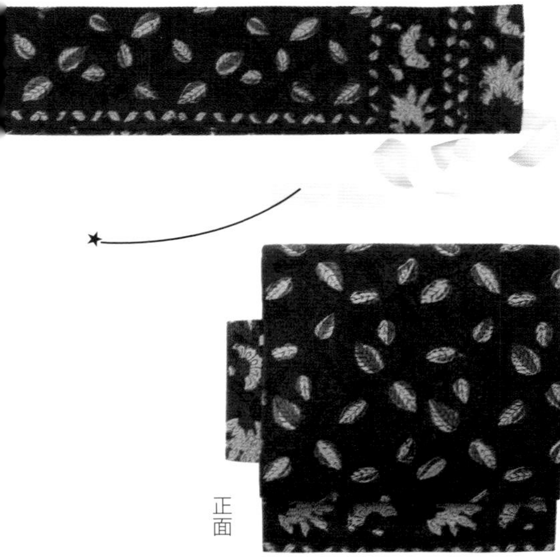

二部式帶的太鼓。這裡使用的是已完成太鼓形狀的腰帶，樣式也是固定的。

正面

**2**

腰帶附的鬆緊帶在下，將腰帶放在腰際，從背後的中心點開始纏繞。

※開始纏腰帶時，會因身材的關係多少有點綁不漂亮，但一定要從背後開始纏繞。

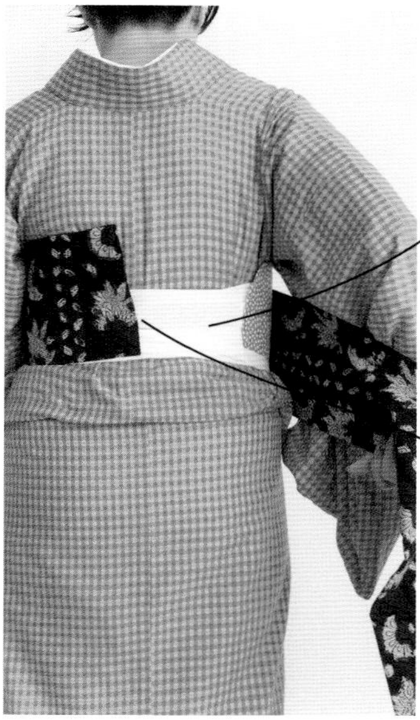


**3**

在腰上繞一圈，右手拿著鬆緊帶，左手拿著腰帶下緣拉緊。

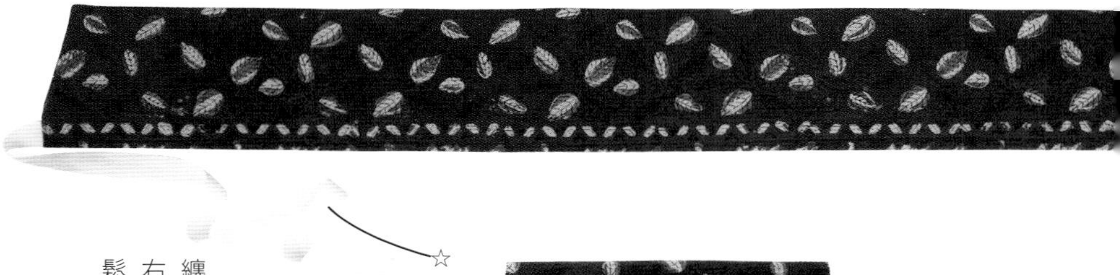

纏在腰際的部分左右端都有鬆緊帶。鬆緊帶在下方。

背面

**4**

在腰際繞兩圈，拿著左右端的鬆緊帶拉緊。

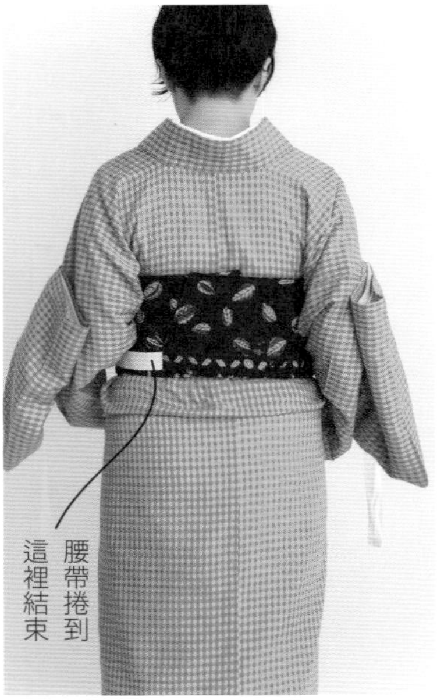

**5**

左右端的鬆緊帶在身體前方打結（蝴蝶結等），再塞到腰帶下方。

**6**

在太鼓裡面放入已用帶揚覆蓋的帶枕，做成太鼓山。

※事先將帶揚覆蓋在帶枕上，並將鬆緊帶留在中央。參照一〇二頁。

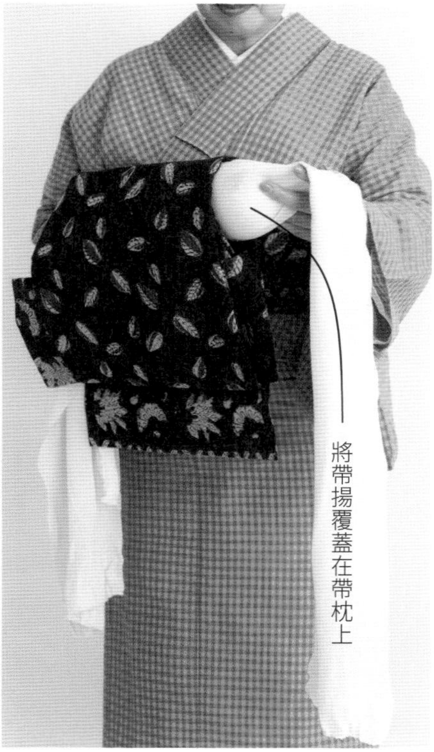


**7**

將帶枕放入太鼓山正中央，再將帶揚從左右拉出來，一隻手拿著帶枕。

**8**

將太鼓放在背上。此時身體略微往前傾，比較容易把太鼓放在背上。

**9**

將太鼓放在腰後，拉著帶枕的鬆緊帶和帶揚用力拉緊，讓帶枕貼合身體。

**10**

將帶枕的鬆緊帶在身體中央打結（蝴蝶結等），再塞進腰帶中，從正面看不到。

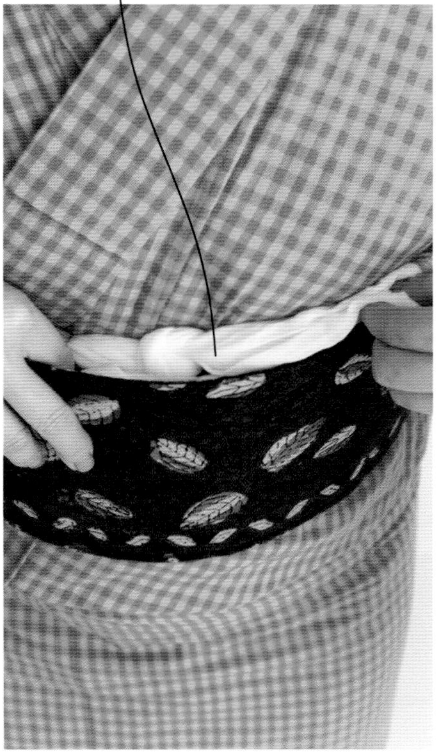


**11**

帶揚在身體前面暫時打一個結。

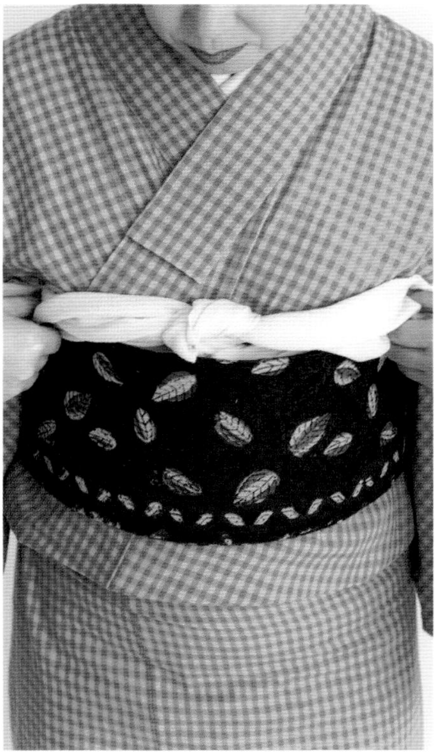

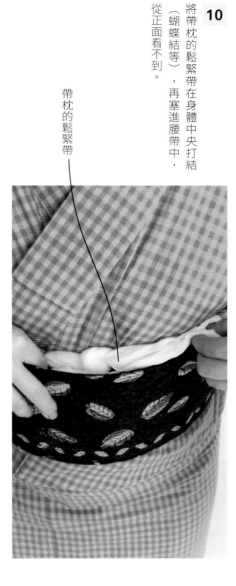

**12**

右手放在帶締的中間位置，從右側穿過太鼓的中間。左手伸進太鼓裡，等待下一步來拉帶締。

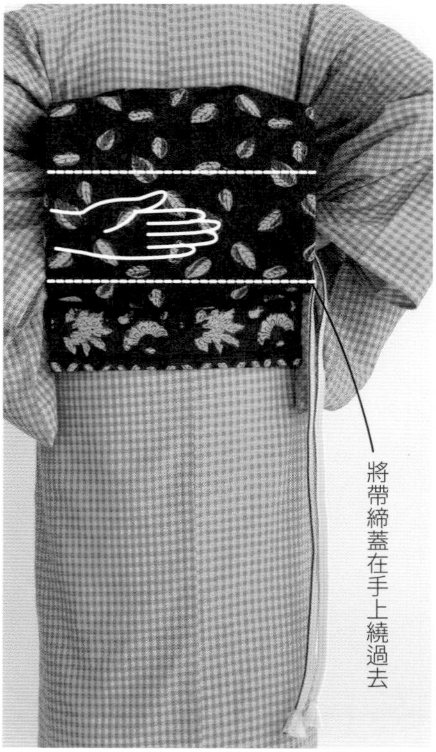

將帶締蓋在手上繞過去

**13**

帶締左右兩邊長度一樣，在身體前方正中央打好結。接著，將帶揚重新打好漂亮的結，二部式帶就完成了。

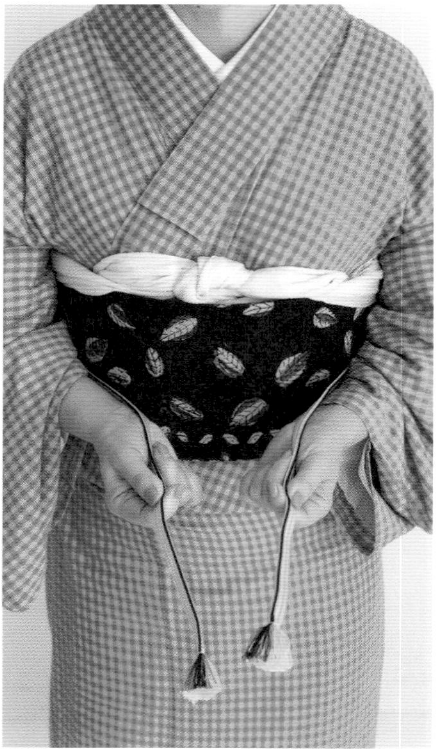

一下子就綁好的二部式帶，對平日常穿和服的人來說最方便不過。

等結打好後，看起來就是一般的太鼓結。

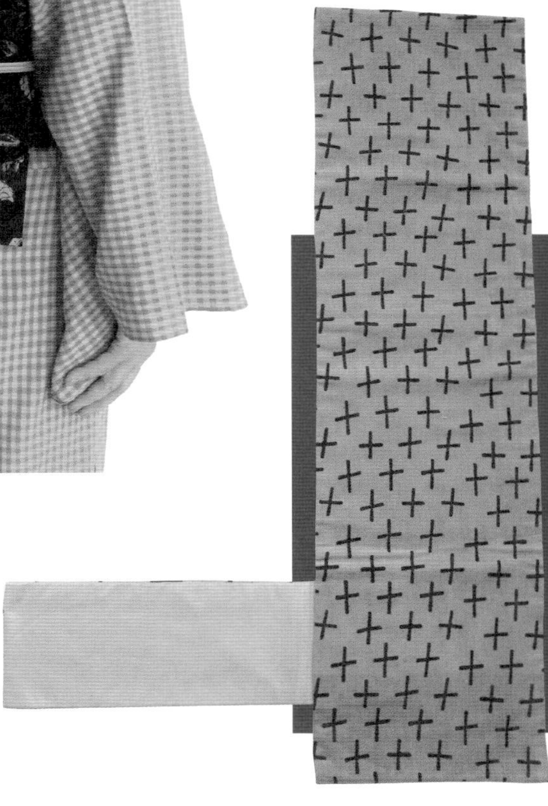

## 也有這種縫製設計！

二部式帶有各種不同的縫製設計，除了這裡介紹的這種太鼓已經完成的腰帶，也有要自己打太鼓結的。如果你想改變太鼓的大小，或是想改打角出結，我建議你使用左邊這種款式。

穿木棉和服外出

# MORITA風的日常京都

我住在哲學之道附近，
假日時常在那一帶晃來晃去。
這種時候穿輕鬆的
木棉和服最適合了。

去「omo」附近的烏龍麵店「YAKKO」吃稍微遲到的午餐，「每次都很猶豫到底要吃什麼好，因為每一種都很好吃。」

## ❶ nowaki

沒做太多加工，以原始京都町家模樣來販售器皿與書籍的商店。老闆會替自己喜歡的創作者開設個展。展覽內容都很有個性，我很喜歡。

店家經常展出我喜歡的創作者，如畫家Miroco Machiko、牧野伊三夫等，所以我很常去。

「nowaki」是沉靜的傳統町家，給人放鬆的感覺。

●左京區川端通仁王門往下　☎ 075-201-8298

## ❷ 恵文社一乗寺店

非常有名的書店，不只販售新書，他們最自豪的是挑選能使每天生活更豐富的書籍，明明位在交通不太方便的地方卻門庭若市，我想這就是最大的原因。

除了賣書，還有藝廊「Enfer」與販售許多生活雜貨的「生活館」。

我常常一待就是一整天，最後才急忙回家。

磚瓦的外牆有「恵文社一乗寺店」字樣。

●左京區一乗寺払殿町10

☎ 075-711-5919

## ❸ YAKKO

「omo」附近的烏龍麵店，除了自製的蕎麥麵與烏龍麵，還有在烏龍麵高湯中放入中華麵、名為「kishima」的麵。我最喜歡在kishima中加入山椒。午餐時間的客人很多，我會錯開時間去，慢慢享用。

「YAKKO」是當地人的休憩場所。「kishima」與丼飯的套餐是最受歡迎的餐點組合。

●中京區夷川通室町向東

☎ 075-231-1522

## ❹ 喫茶 迷子

這家店位在銀閣寺旁鹿谷通上的漂亮洋房一樓，販售古董雜貨和二手書。昭和初期的串珠包、帶留、別針等，穿和服時也用得到的「迷子」商品，「omo」也有販售。我會在「omo」的公休日來這裡邊喝茶邊和老闆聊天。

造訪銀閣寺後若想喝杯茶，就來「喫茶 迷子」吧。

●左京區淨土寺上南田町36 GOSPEL 1樓

☎ 075-771-4434

## ❺ 㐂み家

這間甜品店就在「迷子」往北的幾間店之隔，他們的餡蜜（あんみつ）堪稱絕品。每年五山送火日（8月16日）爬完大文字山後來這裡吃冰，已是我們家的例行公事。

我最喜歡的甜品店「㐂み家」。他們家的餡蜜簡簡單單卻非常美味。

●左京區淨土寺上南田町37-1

☎ 075-761-4127

## ❻ 羊（ひつじ）

他們家甜甜圈使用的原料很講究，是對身體很好的原料。原料有天然酵母的麵團與發芽米的麵團兩種，鬆軟的口感常讓我突然想吃，就跑出去買。我最推薦沾滿許多焦糖的法國麵包脆餅（rusk）。

法國麵包脆餅，我相當推薦的京都土產。
●中京區夷川通富小路北西角
☎ 075-221-6534

## ❼ HOHOHO座

這家店位於從哲學之道走到淨土寺附近的閒靜住宅區。一樓販售新書，二樓販售二手書與手作雜貨等。以前這棟建築的一樓是五金雜貨店，二樓以上是宿舍。現在是對生活很有助益的小型商店，逛起來很有趣。

能買賣二手書的「HOHOHO座」。
●左京區浄土寺馬場町71
High Nest大樓1樓、2樓
☎ 075-741-6501（新書）
☎ 075-771-9833（二手書）

## 8 Kit

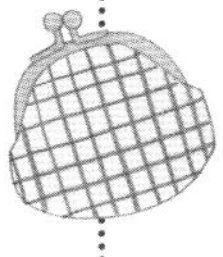

位於京都御所東側住宅區的雜貨店。販售衣服、飾品、杯盤等，也有賣餅乾和茶等食品，每一種都是老闆的好品味挑選出來的。店內一直有許多沒有刻意強調卻很具存在感、長年深受喜愛的新舊雜貨。

「Kit」也有販售好喝的茶。
●上京區信富町29
☎ 075-744-6936

## 9 田中美穗植物店

「田中美穗植物店」主要販售植栽。
●左京區淨土寺下南田町37-4
☎ 沒有電話

這家可愛的植物店就在「HOHOHO座」旁邊。美穗喜愛有根的植物，每天都開心地工作，我常不由自主地順道去找她聊天。她也會去東寺的弘法市集（每月21日）、北野天滿宮的天神市集（每月25日）擺攤。

散步道

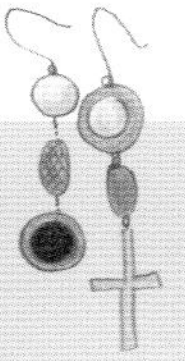

## 10 知恩寺手工藝市集

每個月15號在百萬遍知恩寺的寬廣寺內舉辦的市集，寺內擠滿攤位。雖說是手工藝品市集，其實什麼都有，我每個月來逛這市集已超過十年了，買過的東西有明信片、釦子、手工編織帽、飾品、T恤、香皂、醃漬物、餅乾等。

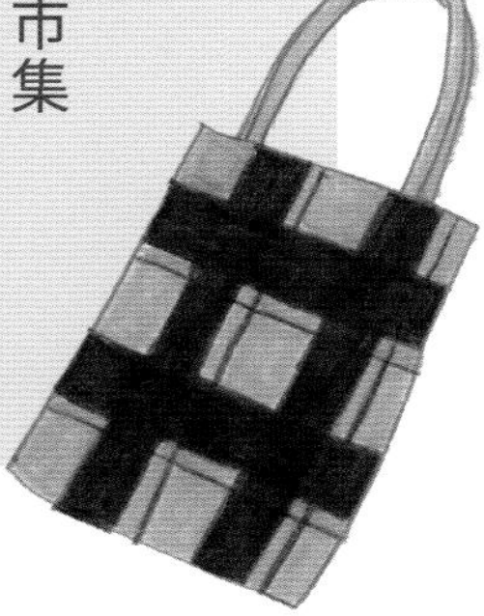

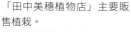

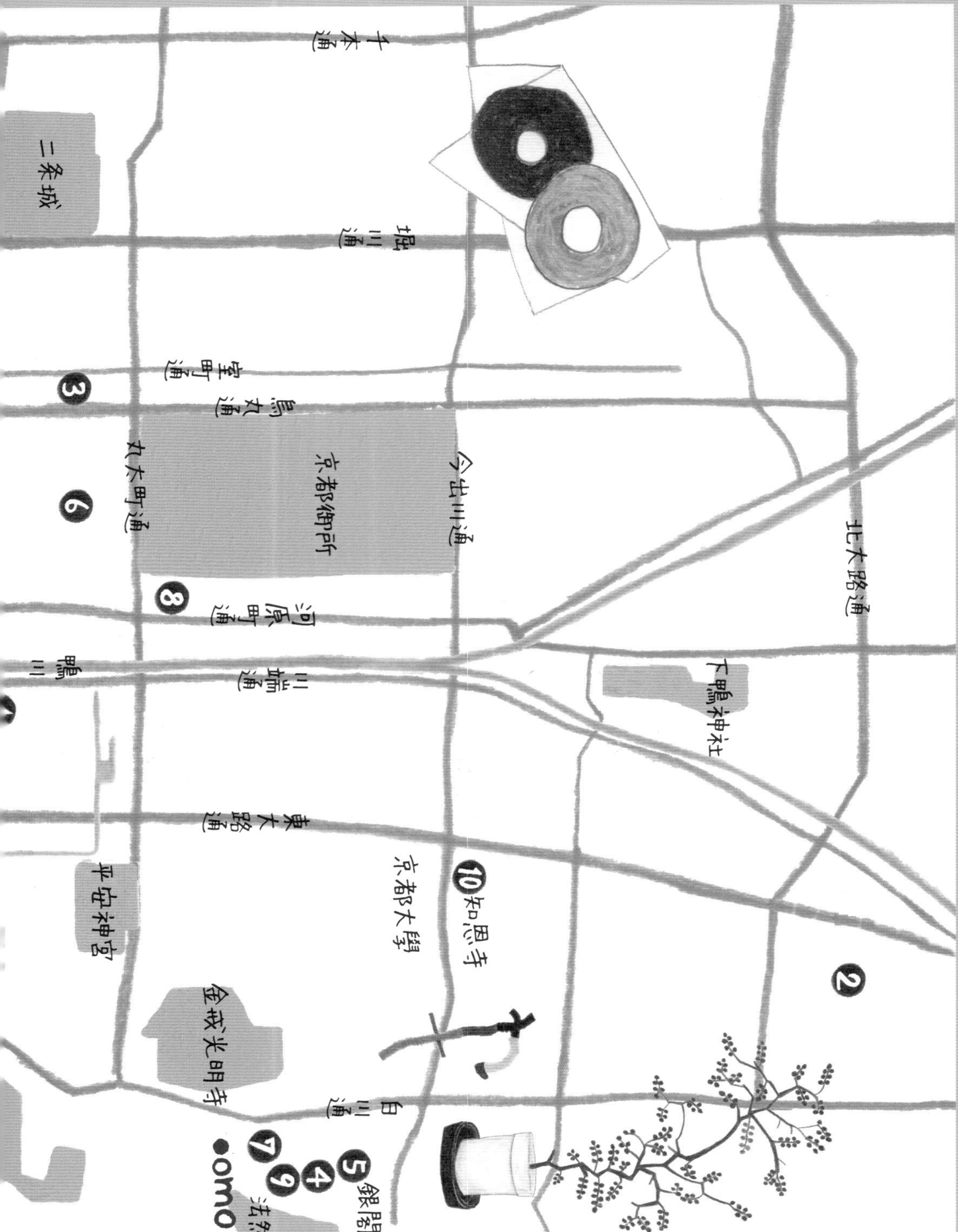
千本通
二条城
堀川通
室町通
烏丸通
丸太町通
京都御所
今出川通
北大路通
河原町通
鴨川
川端通
下鴨神社
東大路通
京都大學
知恩寺
平安神宮
金戒光明寺
白川通
銀閣寺
法然院
omo
2
3
4
5
6
7
8
9
10

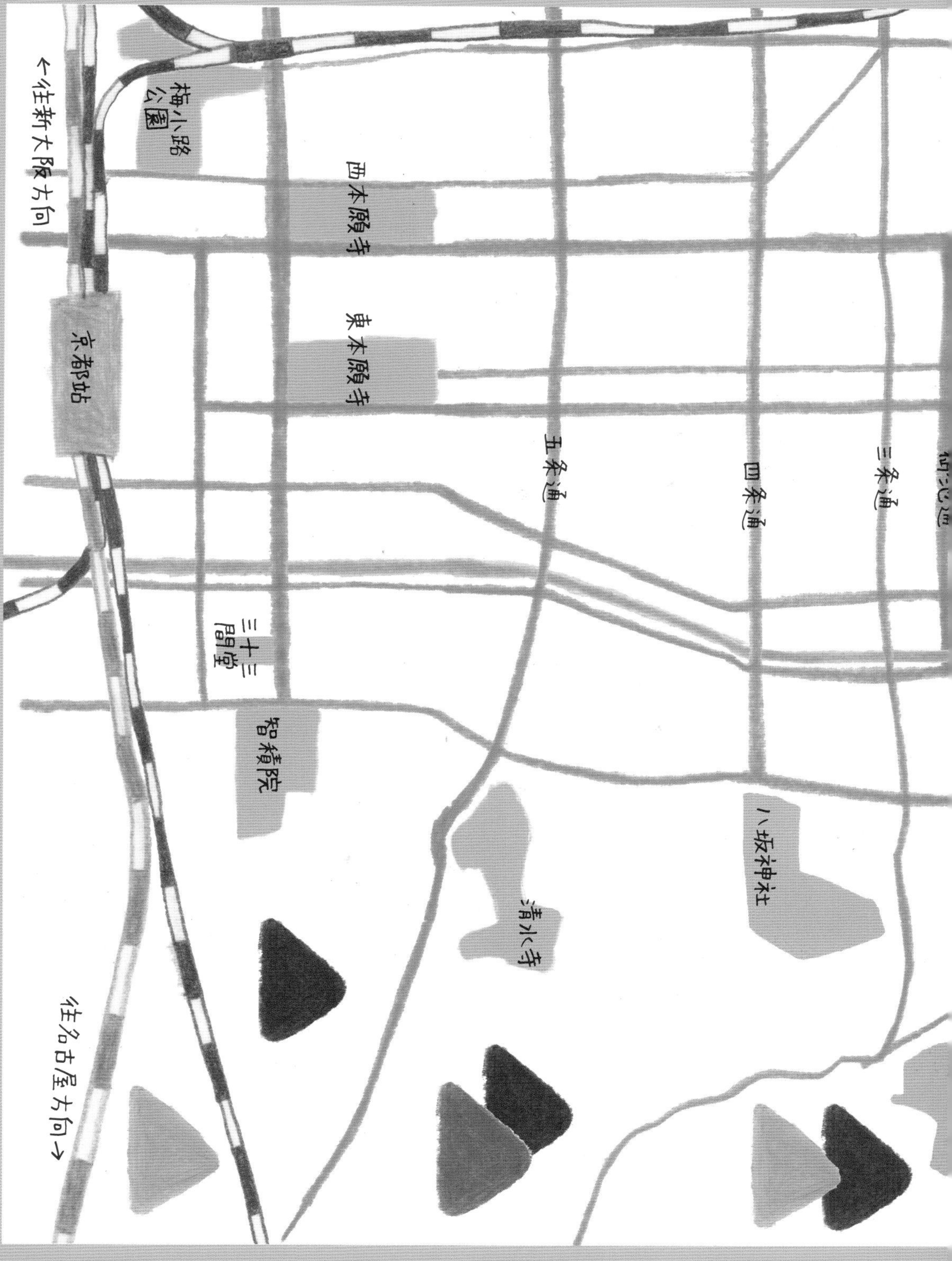
←往新大阪方向
梅小路公園
西本願寺
東本願寺
京都站
三十三間堂
智積院
五条通
四条通
三条通
清水寺
八坂神社
往名古屋方向→

Column 2

# 前掛

我常用和服與洋服布料的碎布組合成前掛，依據不同設計，有時自己縫，有時則交給專業人士。因為是用零碎的散布，所以每一件都獨一無二。這一件前掛主要使用伊勢木棉，口袋用印度印花棉布，帶子是臈纈染（蠟染）的爪哇更紗。因為很大件，所以不會讓和服或洋服弄髒，非常實用。

＊前掛的作法請參考一三八頁。

# 第二件，絲綢和服

我平日常穿的和服中，現在最多的就是絲綢和服。以素色或格紋和服居多，因此可以用腰帶來做搭配組合。其中我最喜歡的是橫山俊一郎織的三才山絲綢，既漂亮，穿起來又舒服。去工作時可以穿，也很適合吃飯聚會或去看戲等場合。

# 穿著精緻的手縞
# 三才山絲綢
## 去聚餐與看戲

絲綢和服是編織和服的代表（將線染色後再織成），有用絲綢線織成的與生線織成的，各有不同觸感。

橫山俊一郎的三才山絲綢是由絲線與生線組合織成，可以感受到絲綢的溫度與絹的光澤，穿在身上的觸感很好。

以條紋為主、小部分格紋而織成的現代風格三才山絲綢。搭配不同腰帶，這款和服無論幾歲都很適合穿。配上花紋圖案的橘色腰帶，給人開朗、活力十足的感覺。

黑色現代格紋搭配普普風腰帶，顯得年輕有活力。

沉穩的橘色格紋搭配型染腰帶，非常協調。

格紋的三才山絲綢和服穿起來像洋服，搭配鑰匙圖案的彩色型染腰帶看起來年輕有活力；搭配雅致的腰帶則搖身一變為成熟的打扮。【腰帶／三橋京子製作】

◆我喜歡的絲綢和服

# 橫山俊一郎的三才山絲綢

現今，日本各地生產著各式各樣的絲綢，三才山絲綢就是其中之一。長野縣松本市以生產三才山而著名，製作者是橫山俊一郎與他的家族。換句話說，三才山絲綢是橫山家的原創商品。

對橫山先生而言這是座寶山，雜木林就位在自宅後面。他很講究草木的顏色，取自線的絲膠蛋白做成精煉液所使用的灰，也是他自己準備的。

光聽人說話就很開心的橫山俊一郎與我。

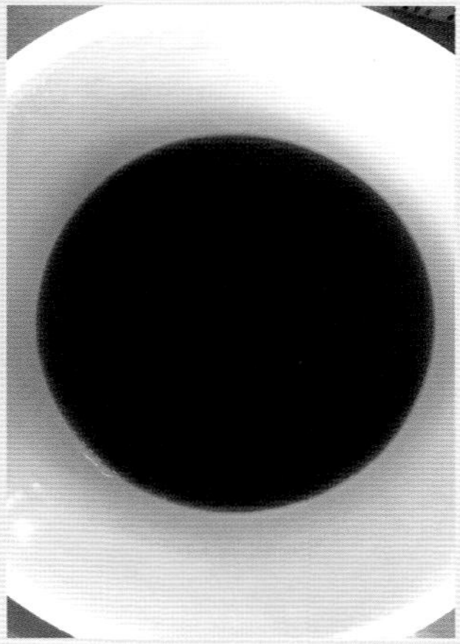

上圖為栗，下圖為煮好後的山漆，如右圖般的染液可以把物品染成深灰色。

木棉是從棉花生產出來，絲綢則是從蠶繭中取出來的線所製成。因為線有各種不同作法，因此有各式各樣的絲綢，其中的代表作是用絲線織成粗織的製品與用生線織成具有光澤感的製品。一般來說，用絲線與生線混合織成的製品最多。三才山絲綢的縱線就是生線，橫線則是絲線。

我的店隔壁是京都首屈一指的批發商「室町的加納」，一家從全日本挑選出最佳織物來販售的公司，我就是在「室町的加納」展示會上看到三才山絲綢的。樸實與優美的花色讓我一見鍾情，穿上後的觸感更是非常好。不只顏色與花樣很低調、簡單，甚至有種將絲線原本的顏色引導出來的感覺。從那之後，我就徹底被三才山絲綢所擄獲。我一直在想，到底要怎麼做才能做出這樣的絲綢呢？第一次拜訪位於信州松本的橫山先生工作室就是基於這個理由。

從京都搭車抵達松本的三才山得花四

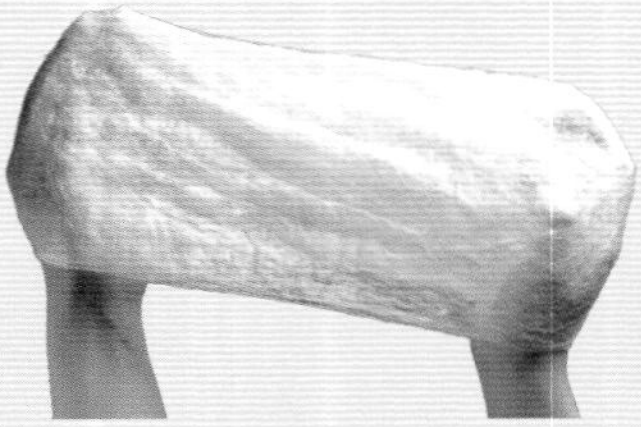

生線與絲線都是從蠶繭而來。生線就是從繭裡面直接將線拉出來。

由五至六個繭拉長做成的真絲。這是用名為「TUKUSI」的棒子纏繞，用手紡織的真絲線。

正在工作室裡用高織機仔細編織的橫山先生，使用著少見的竹筬（一種織具）。使用竹筬編織出來的布料更加柔軟。

個半小時，是段長途旅程。橫山先生的熱情款待讓我忘卻了車程的疲憊。季節已是深秋，但橫山家的客室很溫暖，桌子周圍放著使用許久的三才山絲綢坐墊，茶、點心和漬物則透露著引頸期盼遠來客人的心情，深刻地傳達了那種細心與用心。

簡單打過招呼後，我參觀了三才山絲綢的生產過程。俊一郎先生的父母從三才山的布料開始織起，是三才山絲綢的起源。父親英一先生遇到了民藝運動之父柳宗悅，深受其精神所感動，也成了契機。俊一郎的雙親全心致力於染織工作，在當地的山裡採集植物來染線，仔細地以手工織出成品。不是大量生產，而是持續做出自己滿意的作品，成品的品質深受肯定，愈來愈多京都的批發店向他們訂貨。於是，俊一郎先生承接父母的工作，開始製作三才山絲綢。

現在的俊一郎先生同樣有可靠的夥

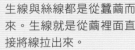

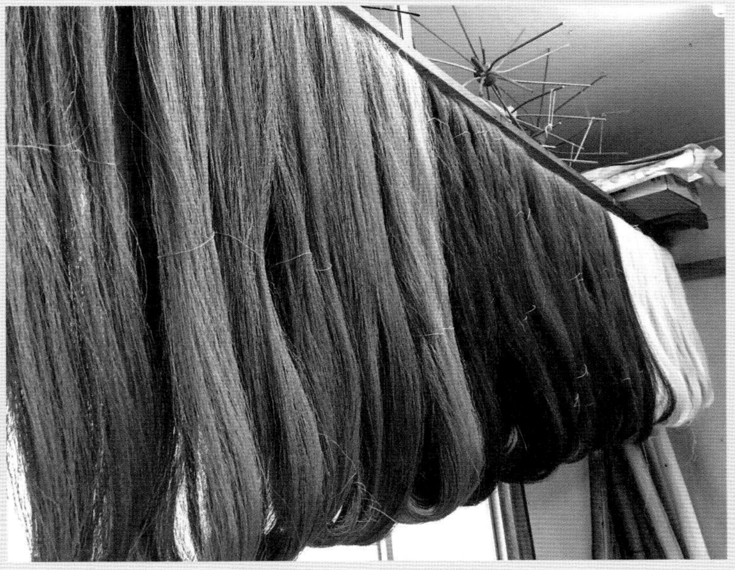

在染色區，染好的線一字排開吊掛著。右邊的白色是用栗染色的，黑色是用山漆，淺灰色也是用栗。即使用同樣的染料，顏色也會因媒染液不同而不一樣。

支援三才山絲綢的橫山太太美雪（右）、長女希（中）、次女惠（左）。仍是大學生的三女明也在幫忙的行列中。

伴，那就是妻子與三位女兒，全家人一起支持俊一郎先生的工作。無論是染線或織線，都是全家人一起作業。染線用的染料主要是從自家後山與庭院採集的山漆、山胡桃、栗、灰葉稠李、梅等，有時候還會用洋蔥皮。因為是用不同的織布機染色，所以不會染出同樣的顏色。

編織作業是在被稱為「機場」的專用房間，打掃得很乾淨的空間裡，緊挨並排著高織布機，一家人用這些機器手工織出「三才山絲綢」。三才山絲綢愈穿愈柔軟，溫柔地包覆身體、觸感極佳的祕密，或許就是來自這裡也說不定，因為橫山的三才山絲綢，連心意都織進了布料當中。

道別之際，我拿到新鮮的蘋果當伴手禮。回到家後，我將蘋果切半來吃，爽脆和硬硬的口感，中間卻像蜜一樣甜，讓人想起橫山一家人的笑臉，心不由地溫暖起來。

# 和服魂一旦甦醒，就買一件優質的手織絲綢和服

高品質的絲線手織絲綢和服雖然價錢較高，但其魅力會讓你對和服的印象為之改觀。還可以傳給下一代。這裡介紹我喜歡的三種絲綢和服。

## 士乎路絲綢

這三塊是已故的水島繁三郎所構思的新絲綢，在石川縣能登半島生產。能登半島以前被稱為「士乎路」，這款絲綢因此得名。水島先生長期研究植物染，絲綢用的線是手工製作的純棉結城絲線，以及以植物染與泥染上色、出色的大島絲線，水島先生以這兩種絲線編織出來的作品就是士乎路絲綢。具有彈性的布料就像泡過很多次水的結城絲綢一樣柔軟，觸感極佳，具光澤感，顏色亦美。

## 結城絲綢

結城絲綢和大島絲綢齊名，是和服愛好者最夢寐以求的絲綢。以茨城縣結城市為生產中心，部分在栃木縣生產。中間這兩塊布料就是被指定為日本重要無形文化財產的正宗結城絲綢。無論是縱線還是橫線，都只使用手工製作的純棉絲綢線。白點花紋是用手工綑綁線，再用地織機織成。另外也有用高織機織成，沒有白點花紋的素色布料。

## 大島絲綢

最左邊這兩塊是大島絲綢，在鹿兒島縣奄美大島、鹿兒島市周邊、宮崎縣都城市等地生產。雖然名稱中有絲綢，但現在的大島絲綢已不使用絲線，無論縱線或橫線都是使用生線。因此和略粗質感的結城絲綢相比，大島絲綢比較有光澤感，其特色是利用泥染與締機做出白點花紋。

# 想拿來搭配絲綢和服的腰帶

簡單外出時可以穿絲綢和服，方便又漂亮，除了正式的茶會和婚宴等，參加許多場合都可以穿。

在工作之外，我去練習茶道、買東西、聚餐、看戲或演唱會，都會穿絲綢和服。

依據絲綢和服的花色與出席場合來搭配腰帶，無論是半幅帶，還是名古屋帶、袋名古屋帶、袋帶，都可以。

不過如果是袋帶的話，建議挑選如我介紹的有金線、銀線或金箔等的美麗袋帶。

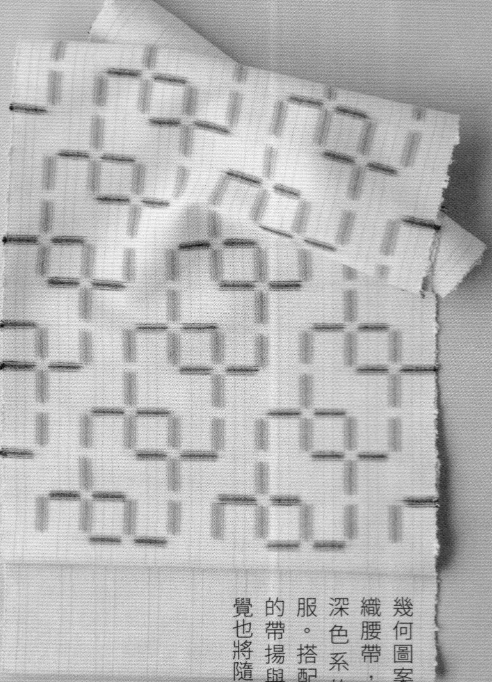

幾何圖案的雅致編織腰帶，適合搭配深色系的絲綢和服。搭配不同顏色的帶揚與帶締，感覺也將隨之改變。

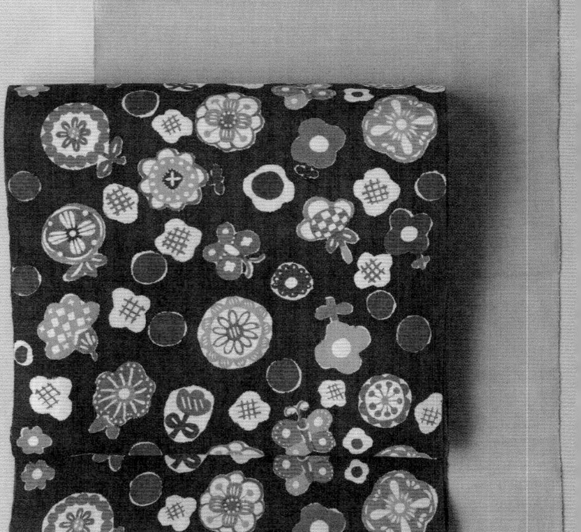

素色的三才山絲綢和服搭配黑底、宛如散落許多畫具般鮮豔的型染名古屋帶，是會給人留下深刻印象的裝扮。【腰帶／關美穗子製作】

大膽織出松葉圖案的時尚腰帶，若搭配素色感覺的絲綢和服，可以出席有點正式的場合。

深綠色底，以白色與紫色花草呈現出現代感的編織名古屋帶。搭配底色為淺色的絲綢和服，腰帶立刻顯得無比突出。

底色為大地色，紅色與白色的現代感圖案，是一條漂亮的名古屋帶。最適合搭配條紋與格紋的絲綢和服。

染出牡丹唐草圖案的型染名古屋帶，圖案大、顏色不多，易搭配。

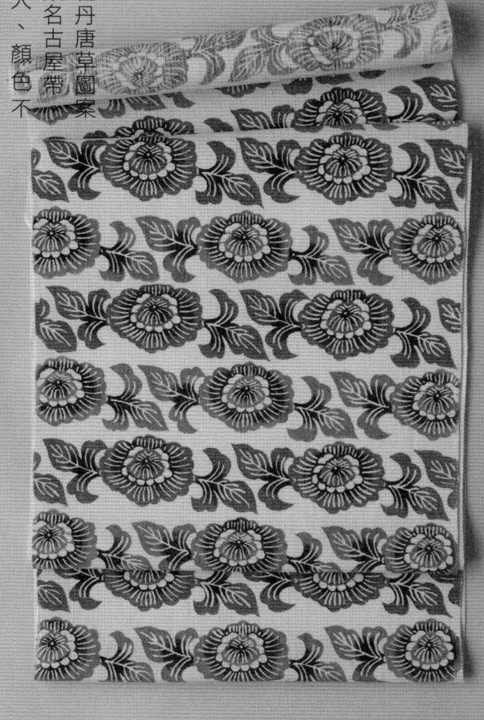

染出許多羽毛圖案、熱鬧的型染名古屋帶，搭配格紋的三才山絲綢和服顯得很華麗。

# 換一條腰帶，
## 一件和服有三種風情

對我而言，腰帶是和服打扮的重點。會繫上讓人忍不住想看背後模樣的腰帶。如果以畫作來比喻的話，和服是畫框，腰帶是主體的畫。即使是同一件和服，只要換一條腰帶，整體印象就大為不同。假如和服是絲綢的，這些變化則會更加有趣。

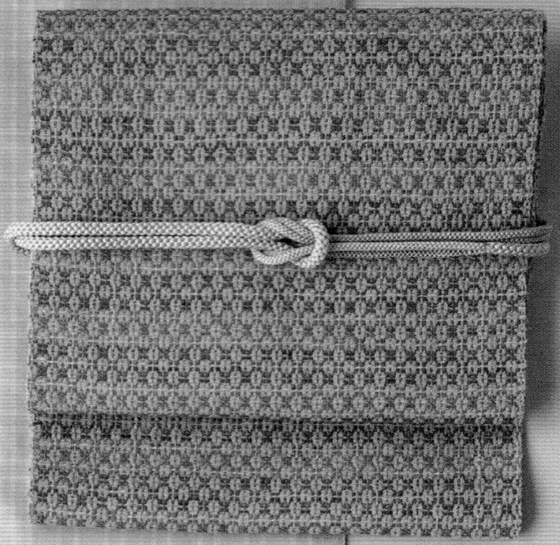

**高雅的木棉名古屋帶**

手紡的木棉線用植物染染色後，再精心手織而成的奢華名古屋帶。搭配低調的格紋三才山絲綢和服，是短時間外出時會想綁繫的珍品。【腰帶／北川弘繪製作】

**兩面都可以用的型染半幅帶**

短暫外出或是外面穿著羽織（短外套）時，最適合繫上半幅帶。外側圖樣是各式各樣的壺，內裡是格紋，都很容易搭配。【腰帶／三橋京子製作】

**顏色花樣很有趣的型染名古屋帶**

想妝點素色系的絲綢和服時，會搭配顏色與圖案有熱鬧感覺的腰帶。即使有許多種顏色，與和服的顏色依然調和。【腰帶／關美穗子製作】

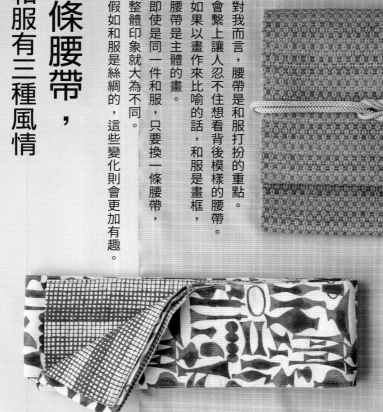

## 北歐風的編織名古屋帶

以花朵為主題的變形圖案之現代風格腰帶。以泥染的菖蒲草織成的雅致大島絲綢一配上紅底腰帶，立刻變得年輕又充滿朝氣。

## 華麗的型染名古屋帶

用色彩鮮豔的型染腰帶搭配大島絲綢和服時，「整體性」是重點，再用帶揚與帶締等小物營造自我風格。【腰帶／千葉清美製作】

## 觸感粗糙的櫛織洒落袋帶

以專用的櫛編織縱線表現出質地的櫛織。縱線有種寬鬆的感覺，圖案大膽。雖然是袋帶，短暫外出時也可以綁繫。

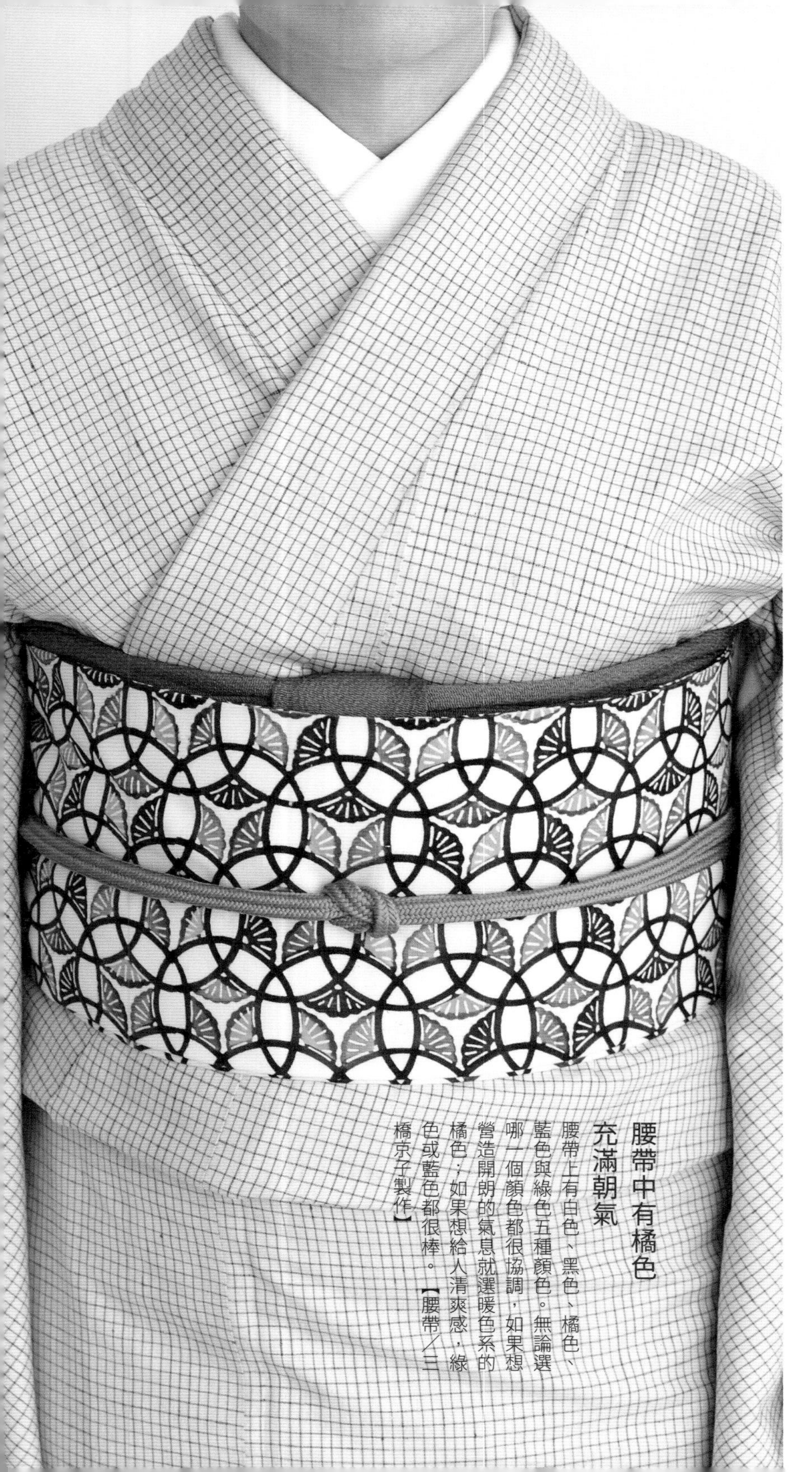

# 帶揚與帶締要選什麼顏色？

和服與腰帶之間的帶揚，具有放上帶枕、調整腰帶形狀、防止繩結下滑等功用。穿過太鼓中間打結的帶締則可以壓住腰帶。兩個都有重要功能，也都具備整體協調性的功用。決勝點是顏色。我建議從腰帶與和服中挑選顏色。

**腰帶中有橘色充滿朝氣**

腰帶上有白色、黑色、橘色、藍色與綠色五種顏色。無論選哪一個顏色都很協調，如果想營造開朗的氣息就選暖色系的橘色；如果想給人清爽感，綠色或藍色都很棒。【腰帶／三橋京子製作】

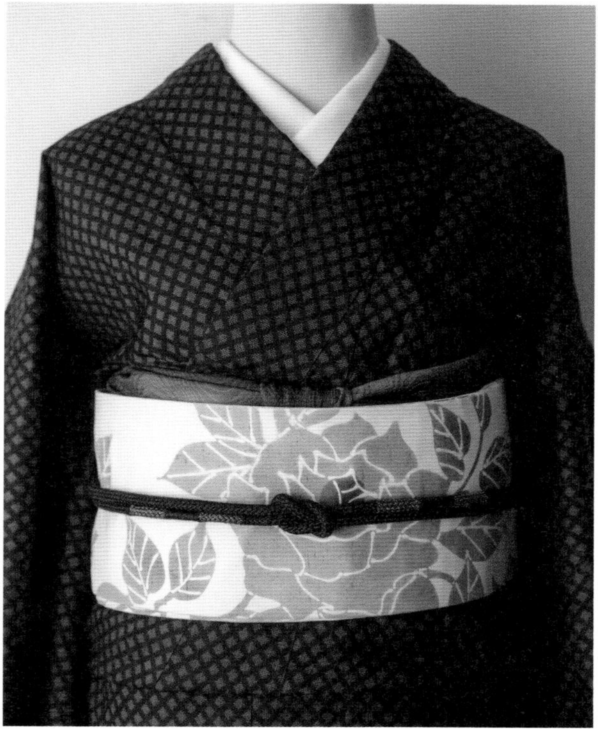

## 和服中有紫色成熟又雅致

底色紫色、上有黑色斜格紋的大島絲綢和服。紫色幾乎占滿整個面積，所以能統整小物品的顏色，看起來很成熟。腰帶的色調更具有強調的效果。

## 和服裡有白色給人低調的感覺

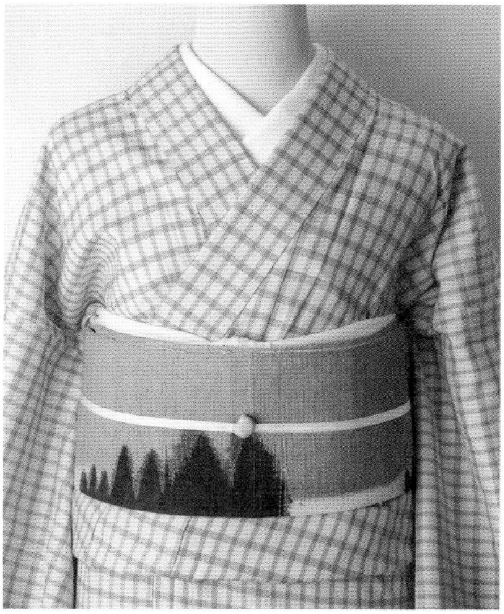

粉紅色格紋的柔和三才山絲綢和服，搭配樹木圖案的編織腰帶。白色的帶揚與帶締有種乾淨清爽的感覺，但因為是搭配粉紅色系的和服，就變成了甜美又華麗的裝扮。

## 和服與腰帶同色系以綠色做出統一感

帶揚、帶締與和服、腰帶都以綠色系做為基本色。整體以深淺不同的綠色加以整合，就完成高雅又協調的裝扮了。不知道該如何搭配時，就這麼做吧。

# 帶留與腰帶的美麗搭配

帶留與帶締一起挑選更有樂趣。你當然可以選擇自己喜歡的帶留，但挑選時若能以季節感為主題，更能創造出協調的獨創性。

黑色腰帶搭配白色帶留，再配上紅色的三分紐，做出反差的協調感。帶留是以知恩院「濡髮大明神」為主題的九尾狐——牠因為興建御影堂而被逐出居處，去拜託知恩堂的僧侶後，僧侶給了牠一個替代住宿「濡髮大明神」。原本是為了預防火災的神明，現在是祇園女性喜愛的參拜神社，變成了祈求良緣的神明。

## 以鹿藥與雪兔表現出季節感

染帶上的圖案是雪積在鹿藥上的模樣。雪、鹿藥的葉子、做成兔子意象的南天竹果實，再搭配雪兔帶留，讓人充分感受到日本人的美感。

## 樹林與臭鼬營造出森林的意象

腰帶上以黑色織出樹林的意象，配上趣味性十足的臭鼬帶留。如同臭鼬在森林中自由地飛跳來去般，是充滿玩心的可愛打扮。

顏色鮮豔、紅色與綠色的青椒

## 兩種吉祥花樣的組合

腰帶上的圖案是四分之一個圓相互重疊的七寶圖樣。帶留則是將紙摺疊後打成一個結的摺疊書信狀。七寶和書信都代表喜事。

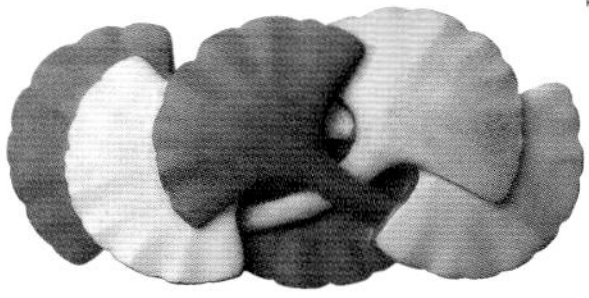

深淺銀杏樹葉的組合，會讓人想在秋天時拿出來搭配。

有吉祥象徵的鶴圖案。圓形的設計無論什麼季節都可以使用。

# MORITA風的時尚京都

穿絲綢和服外出

工作之外，
我外出時一定要穿絲綢和服才會感到自在。
不用擔心衣服會有皺摺這點讓人特別滿意。

和菓子老鋪「龜廣保」就在「omo」正前方。
今天穿媽媽給我的士乎路絲綢和服配藍色腰帶外出購物。

## ❶ 京都四條 南座

在京都，說到歌舞伎就會想到南座。片岡仁左衛門、尾上菊五郎等人是我最喜歡的表演者，我會穿上和服，興高采烈地去看他們的演出。十二月參加見面會（顏見世）更是一定要的。花街的人都盛裝打扮或穿上小紋和服，但我就是穿絲綢和服。

南座位於祇園的四条大橋角。

●東山區四条大橋東結　☎075-561-1155

## ❷ 京都清宗根付館

日本最早的根付（造型小巧的雕刻墜飾）專門美術館。位於風格獨特的江戶後期武家屋敷的一樓和二樓，展示了約四百個根付。在令人放鬆的空間中慢慢欣賞新舊創作者的根付作品常讓人看得渾然忘我。

彷彿回到江戶時代的京都清宗根付館。

●中京區壬生寺東側　☎075-802-7000

## ❸ 藝廊SUGATA

離「omo」很近，是個有大片自然光灑入、很棒的空間。無論怎樣的形式都可以，曾經展出手工藝品、現代藝術等。建議大家看完展覽後在同一棟建築裡的咖啡店休息一下。

藝廊SUGATA位於糕點鋪「然花抄院」內。

●中京區室町通二条往下　☎075-253-0112

## ❹ Berangkat

這家餐廳結合了和、洋、亞洲、中華等各種不同口味的料理，每一道菜都很美味。我很喜歡香菜，每次都另外點一盤滿滿的香菜，這裡就連這種任性的點餐方式都照單全收。座位是吧檯座，女性就算一個人來吃也沒問題。

店小小的，美味的料理很多，自家製作的餃子是招牌菜。

●中京區御幸町三条向上　☎ 075-255-6677

## ❺ Germer

老闆就是麵包師傅，自製的麵包非常受歡迎，搭配麵包喝的紅酒與搭配麵包吃的起司也一應俱全。老闆會一邊喊著麵包的名字，一邊將烤好的麵包從烤箱裡拿出來，我覺得很有趣，每次看到都大笑不已。其中一款加了很多橙皮的麵包，我只要有去一定會買回家吃。

麵包、紅酒與起司都很美味的「Germer」。

●左京區淨土寺西田町3

☎ 075-746-2815

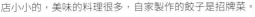

## ❻ 串燒萬年青

使用讓人安心的安全食材做成美味的串燒。有包廂，但長達八公尺的漂亮吧檯座位（共十三個）也很棒。

食材、調味料、碗盤……全都能感受到老闆的堅持。除了最受歡迎的店家招牌套餐，也有健康套餐。

「串燒萬年青」的定食套餐。

●上京區大營通鞍馬口往下　☎ 075-411-4439

## ❼ focalpoint

位於西陣的町家咖啡店。這棟建築以前是線織屋，空間挑高又開闊。一走進去就能看到中庭，穿過中庭後，就是天花板挑高的咖啡店了。營業時間是早上八點半到下午四點半，所以能在這裡享用早餐、午餐和下午茶。

「focalpoint」的下午茶套餐。

●上京區大宮通元誓原寺向下

☎ 075-417-0885

## ❽ 龜廣保

「omo」對面的和菓子店。以精緻雕工表現京都四季的乾菓子是茶會中不可或缺的點心。

櫥窗裡裝飾著季節點心，從我的店裡看過去相當賞心悅目。

「龜廣保」的季節限定乾菓子最適合當作伴手禮。這個是秋季款。

●中京區室町通二条向下

☎ 075-231-6737

## 9 すはま屋

一六五七年創業的和菓子店，不變的柔和味道就像老闆給人的感覺。這是我常買，用大豆粉、砂糖與水飴混合，再用手指壓成豆子狀的點心。有種說不出來、樸實又細緻的味道。

「すはま屋」的可愛州浜*「春日乃豆」。

●中京區丸太町烏丸向西

☎ 075-744-0593

*州浜是用大豆、青豆等豆類做成州浜粉，再加上砂糖與水飴製成的和菓子。

## 10 Nakamura General Store

老闆中村先生從夏威夷回來後，以夏威夷鄉下雜貨店「General Store」為靈感所開的店。手工製作的司康與麵包鬆鬆軟軟，很大一個，我每次都大口大口吃。因為離「omo」很近，想吃甜食時我就會跑來這裡買。

「Nakamura General Store」的綠色窗櫺很有夏威夷風情。

●中京區押小路通室町往西

☎ 090-3652-0454

## ⓫ uruwashi屋

京都御所前的古董漆器店。有很多幕末到昭和初期、京都與輪島附近的高級漆器，也有很多每天日常可用、價格實惠的漆器。店內還有陶瓷器皿、畫與茶道用品等，都是很棒的商品。

讓人忍不住佇足的漂亮「uruwashi屋」。

●中京區丸太町通麩屋町往東

☎ 075-212-0043

## ⓬ Shikama Fine Arts

以柳宗悅提倡的民藝精神為基礎，蒐集了許多實用又具魅力的美術工藝品。只在周末營業，一年會舉辦好幾次特展。展出作品主要以英國陶藝家伯納德（Bernard Howell Leach）為主，以及與民藝運動相關的創作者初期作品。

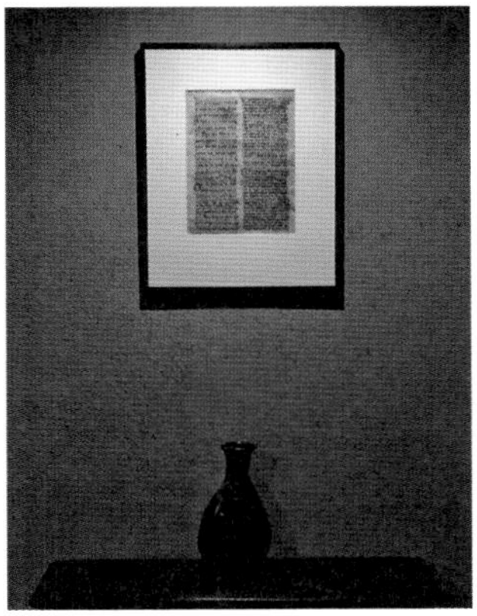

能讓人接觸到民藝之心的「Shikama Fine Arts」。

●中京區姉小路通富小路向東走南側

☎ 075-231-4328

散步道

## ⓭ 哲學之道

在我家附近的哲學之道上有許多神社、佛寺，有時間的話可以來這一帶隨意晃晃。哲學之道的經典路線從北邊的銀閣寺開始，一路走到法然院、安樂寺、大豐神社、若王子神社、永觀堂、南禪寺，是一條四季都很漂亮的散步路線。

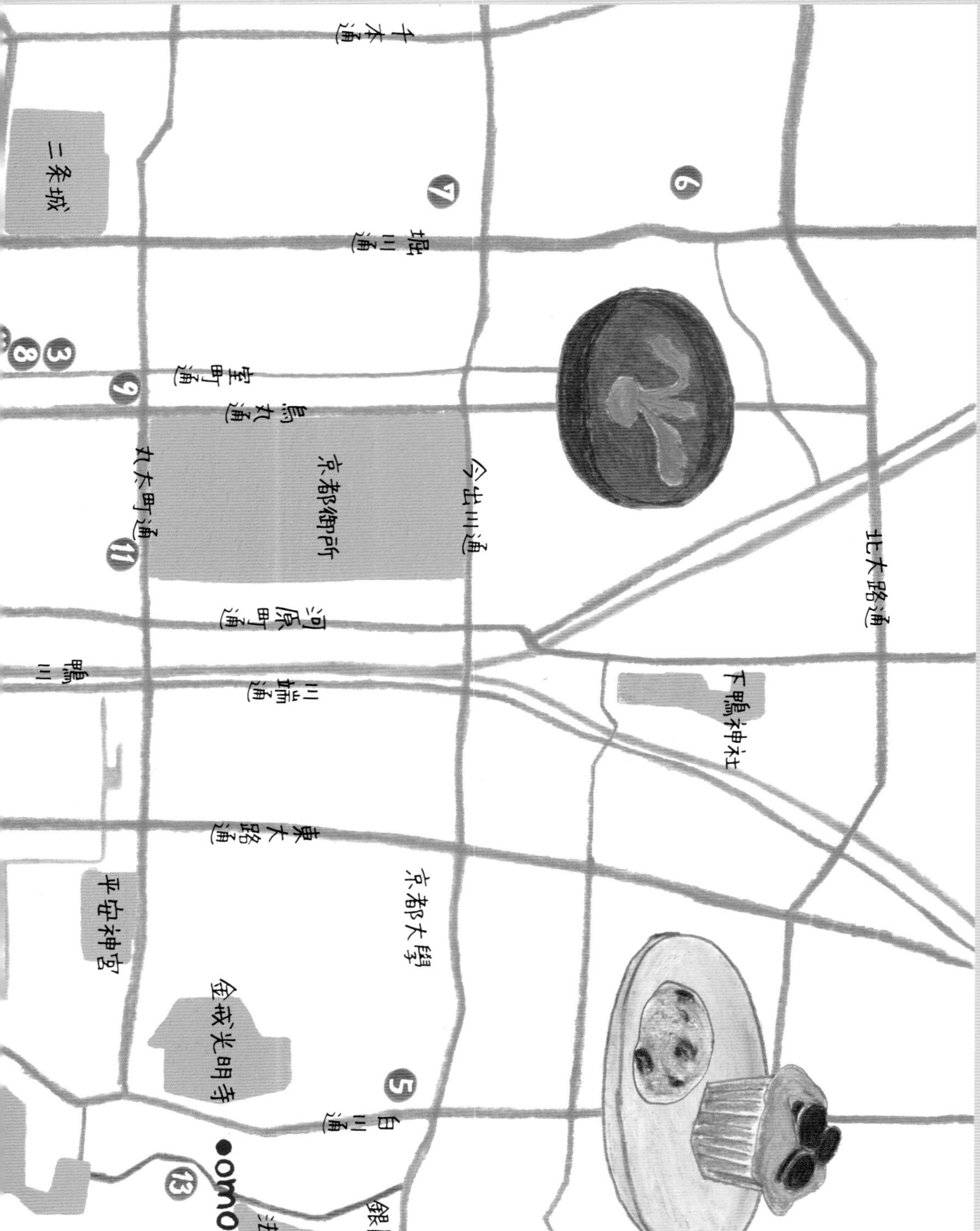
千本通
二条城
堀川通
室町通
烏丸通
京都御所
丸太町通
今出川通
北大路通
河原町通
鴨川
川端通
下鴨神社
東大路通
平安神宮
京都大學
金戒光明寺
白川通
銀閣寺
法然院
omo
6
7
3
8
9
11
5
13

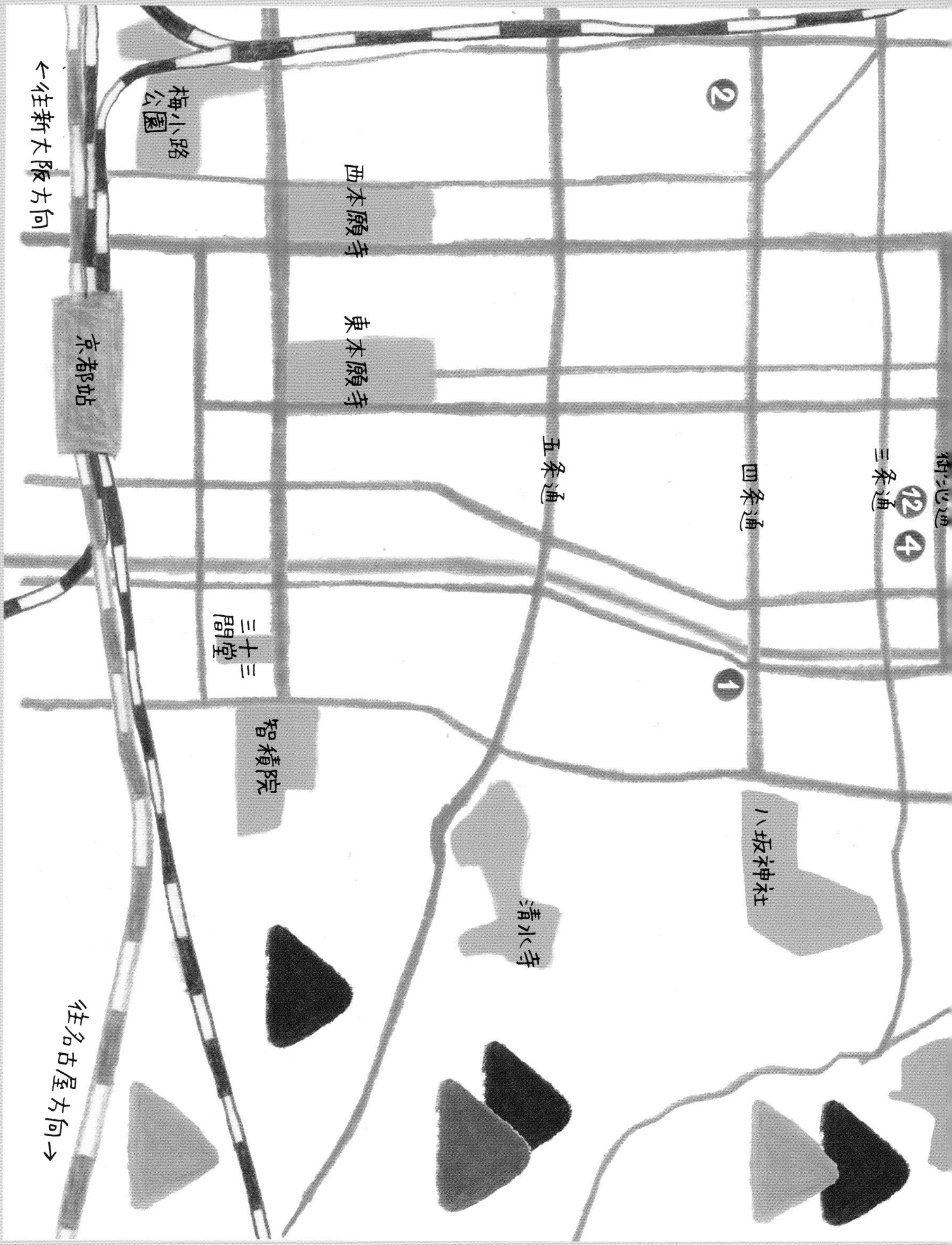

←往新大阪方向
梅小路公園
京都站
西本願寺
東本願寺
五条通
四条通
三条通
御池通
三十三間堂
智積院
八坂神社
清水寺
往名古屋方向→
2
12
4
1

Column 3

## 鞋子

除了浴衣是搭配木屐，和服向來是搭配草履。但是，木棉和服與絲綢和服等輕鬆休閒的打扮，我覺得搭配木屐也可以。咖啡色的草履出自京都鞋子老店「伊&忠」，很好穿。木屐的話，鞋面與鼻緒可以分別挑選。「OMO」賣的木屐鼻緒是用關美穗子與三橋京子的型染布製作的。

# 第三件，小紋和服

線織和服接下來終於要挑戰小紋和服了。

小紋和服是染製和服的代表，基本上是重複相同的花樣，以紙樣印染而成，這種做法也是主流（有些是用手繪）。如果以洋服來比喻，大概就是印花圖案的連身洋裝吧。

# 穿著高雅柔和的小紋和服
## 參加女子聚會和茶會

以獨特手法展現代表長壽與喜事的松樹圖樣，個性派和服配上素色腰帶，令人印象深刻的鮮豔色彩就誕生了。使用與和服同色系的帶揚與帶締，展現成熟風情。

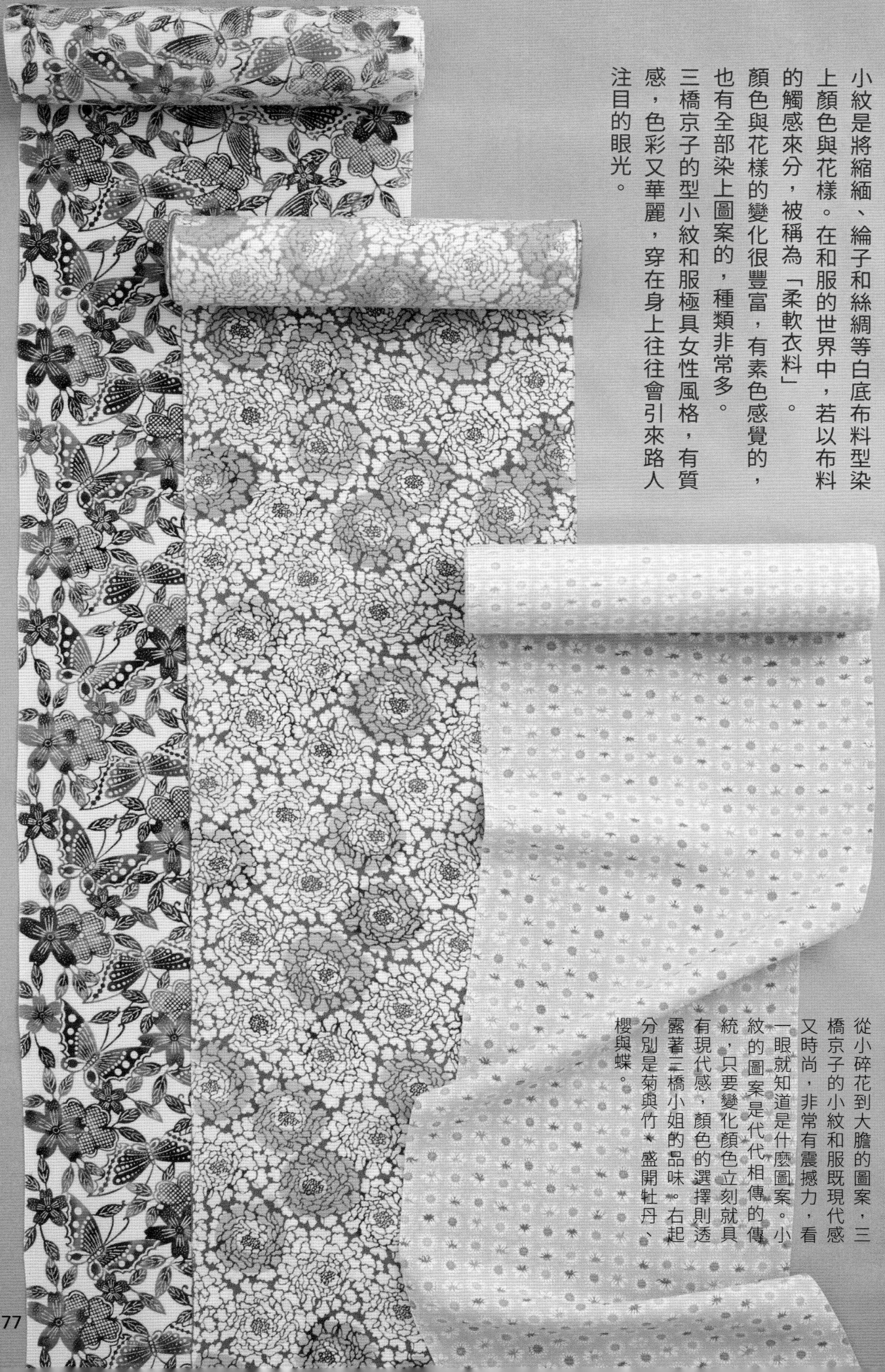

小紋是將縮緬、綸子和絲綢等白底布料型染上顏色與花樣。在和服的世界中，若以布料的觸感來分，被稱為「柔軟衣料」。顏色與花樣的變化很豐富，有素色感覺的，也有全部染上圖案的，種類非常多。三橋京子的型小紋和服極具女性風格，有質感，色彩又華麗，穿在身上往往會引來路人注目的眼光。

從小碎花到大膽的圖案，三橋京子的小紋和服既現代感又時尚，非常有震撼力，看一眼就知道是什麼圖案。小紋的圖案是代代相傳的傳統，只要變化顏色立刻就具有現代感，顏色的選擇則透露著三橋小姐的品味。右起分別是菊與竹、盛開牡丹、櫻與蝶。

◆我喜歡的型染

# 三橋京子的型小紋

在布上放置畫好圖案的紙樣再染色的技法，叫做型染或型繪染。

三橋京子的布，是以沖繩的紅型再加上關東喜歡的染法而做成的「江戶紅型」，既不像沖繩風格，也不像江戶風格，具有奇妙的魅力。即使顏色與花樣多，仍然看得很清楚，是非常具有存在感的現代風格布料。

上／型染用的伊勢紙樣，約有兩萬張。京子與女兒松本延子從兩萬張紙樣中挑選出花樣來染色。
下／在和服布料上放紙樣，再用糊劑等描上圖案。

型付時用的糊劑。在糯米中加入特殊的色粉做成，在布面放上紙樣時，可以染上一目瞭然的藍色。

**1** 型付
在約六公尺的長板上將和服布料鋪平，用刷子刷上糊劑。京子小姐一邊將紙樣往橫向移動，一邊在布料上畫上圖案。

「ｏｍｏ」開店數年後的某一天，我在雜誌上看到一件很漂亮的浴衣，因為想在店裡販售，就此展開調查，後來發現那是東京三橋工房的獨創商品。沒多久，我就去拜訪位於江戶川區的三橋工房了。這是我認識三橋京子的起源。

三橋工房創立於寬政年間。使用伊勢紙樣染出的獨創「型小紋」是第五代繼承人想學當時很受歡迎的沖繩傳統「琉球紅型」並做出關東風格，經過不斷錯誤嘗試之後，終於做出來的型染。

繼承此技法的現任繼承者京子小姐（第六代）除了做出已成現今主流的小紋和服布料，書中介紹的雙面木棉半幅帶現在也是三橋工房的代表作。

「ｏｍｏ」第一次做「三橋工房展」時，我與三橋小姐一起去吃蕎麥麵當午餐。當時我斷然地提出了一直以來的疑問：「你那時才剛過三十歲，小孩都還小，丈夫突然過世……又不能不做從來沒做過的家業江戶型染，如果是我，應該會回娘家去吧。找新的

**2** 地入

用刷毛將吳汁（將大豆和海蘿用水溶的汁）刷在布料上。這道工序是為了防止染料滲入與不均，是染出鮮豔色彩不可或缺的步驟，必須很用心與仔細地作業。

**3** 色插

在每個圖案上，用小刷毛將顏色染上去。多的地方甚至要染超過十種顏色，而且一定要各染兩次，這樣圖案才會透達裡層。

**4** 蒸

將染好的布料放入蒸氣箱裡蒸，讓染料在布料上著色，同時也能更加顯色。

**5** 水元

蒸好的和服布料沖過水之後，在糊劑裡來回漂洗。再將布料晾起來，用太陽晒乾。

【照片提供／三橋工房】

工作，又或許會再婚也說不一定，你為什麼會留下來呢？」聽到我冒昧的詢問，三橋小姐沉默一陣之後，說：「因為公公和婆婆是非常好的人呢。」

我聽完後眼睛一熱，幾乎快掉下眼淚，只能拚命吃蕎麥麵來掩飾。沒錯，京子小姐是第六代繼承者的妻子。因為丈夫早逝，她努力從具有職人氣質的公公那裡學習工作技法，不知不覺已經過了三十年。

每一次當我沮喪地說「好累喔」、「根本存不到錢，好想把店關掉喔」，京子小姐就會鼓勵我：「我也曾經好幾次有這種想法喔。」許多次都幫我度過低潮。經歷過許多困難的三橋小姐的話語，常有種讓我肩頭一鬆的奇妙魔力。我想，三橋工房的「型小紋」裡頭不光有京子小姐至今的辛苦、淚水，也有喜悅與歡樂，更包含了她一路走來各種不同的心情。

終於，京子小姐的女兒要成為下任繼承者了。京子小姐很努力地想「傳達」給女兒，這是至今她從未展現過的。我留意到那是身為媽媽的柔軟一面。

# 花紋、條紋、素色等，依據小紋的不同花樣，打扮也很多樣

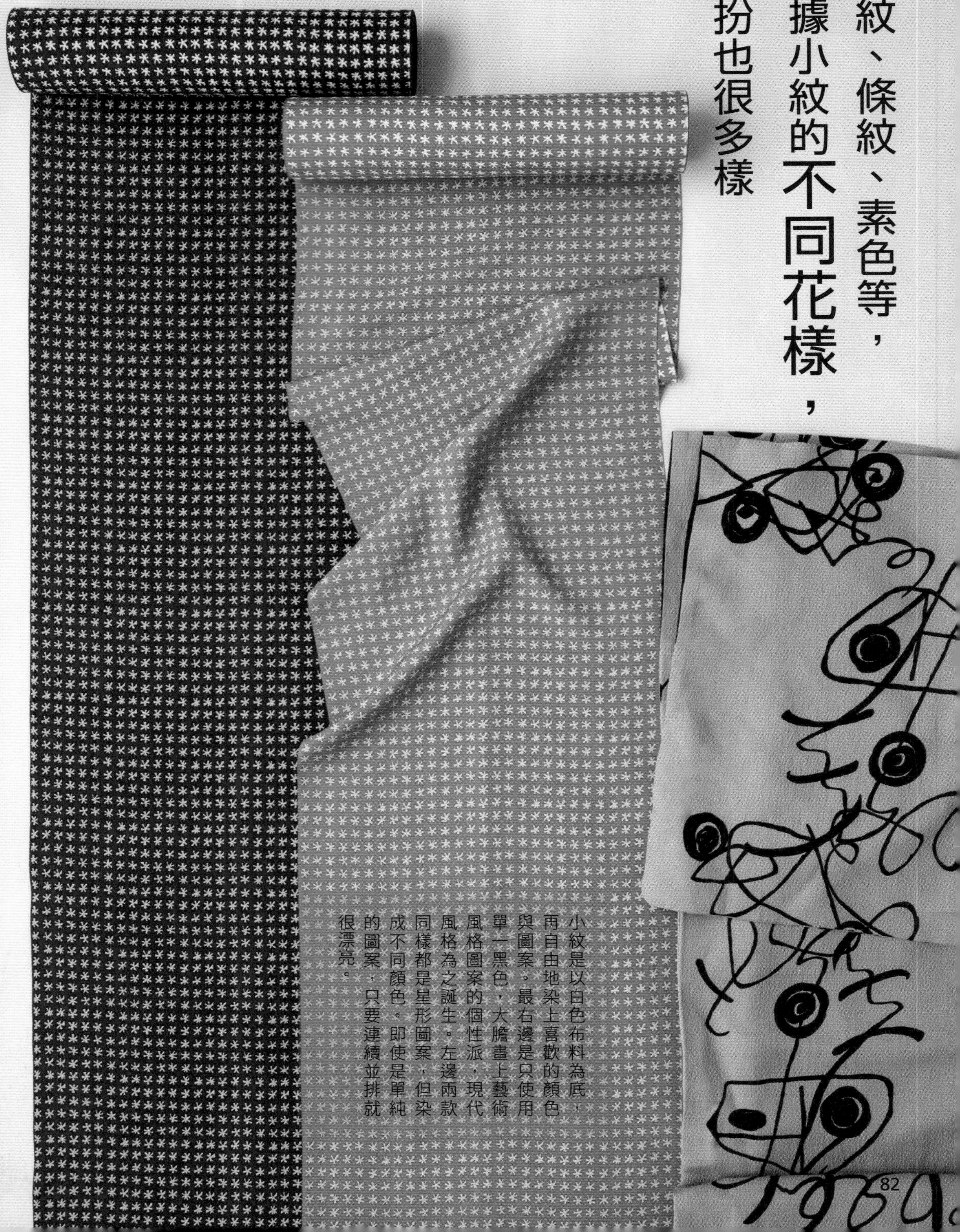

小紋是以白色布料為底，再自由地染上喜歡的顏色與圖案。最右邊是只使用單一黑色，大膽畫上藝術風格圖案的個性派，現代風格為之誕生。左邊兩款同樣都是星形圖案，但染成不同顏色。即使是單純的圖案，只要連續並排就很漂亮。

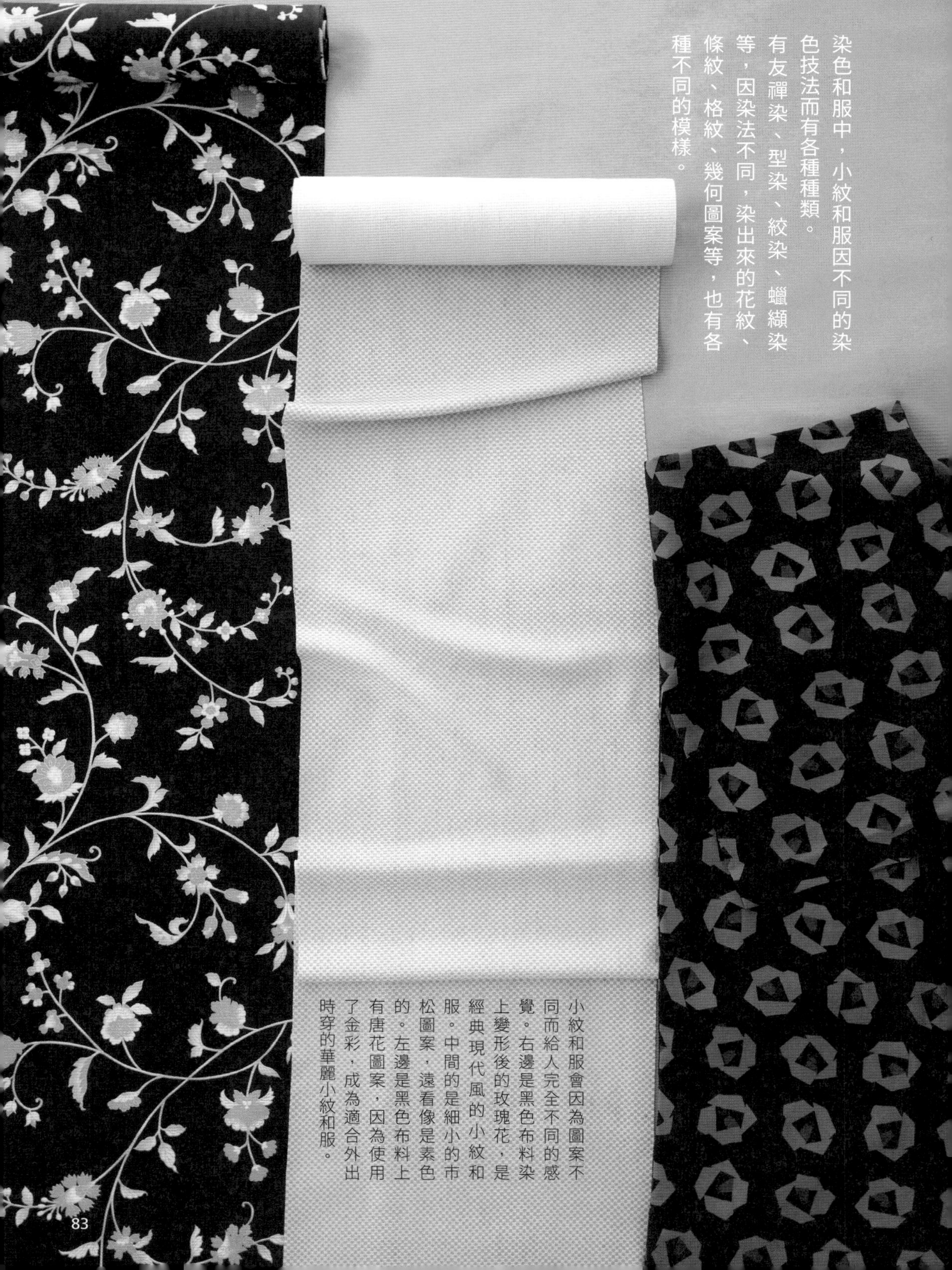

染色和服中，小紋和服因不同的染色技法而有各種種類。有友禪染、型染、絞染、蠟纈染等，因染法不同，染出來的花紋、條紋、格紋、幾何圖案等，也有各種不同的模樣。

小紋和服會因為圖案不同而給人完全不同的感覺。右邊是黑色布料染上變形後的玫瑰花，是經典現代風的小紋和服。中間的是細小的市松圖案，遠看像是素色的。左邊是黑色布料上有唐花圖案，因為使用了金彩，成為適合外出時穿的華麗小紋和服。

鮮豔的綠色鹽瀨布料上型染了毛泡桐花樣的名古屋帶可以搭配素色感覺的小紋和服，充滿趣味。【腰帶／駒井和子製作】

## 想拿來搭配小紋和服的腰帶

想輕鬆出門時，只要有一件小紋和服就很方便，搭配不同的腰帶就可以變成正式服裝。

挑選小紋和服時，各種場合都可以穿是選擇重點，這樣一來就能做出各種變化。

如果是搭配較休閒的染色或編織名古屋帶，可以當成聚餐時的外出服，

如果是搭配傳統紋樣或使用了金銀線的名古屋帶或洒落袋帶，則可以參加餐廳喜宴等比較輕鬆的喜事場合。

樸素的單色小紋和服搭配圖案大膽的型染腰帶，變身為極具個性的打扮。【腰帶／關美穗子製作】

以傳統圖案表現現代感的編織名古屋帶若搭配素色感覺的小紋和服與江戶小紋和服，就會變成正式服裝。帶揚與帶締選擇白色系的話，感覺又會為之一變。

如果想把江戸小紋和服當作外出服，搭配型染名古屋帶會比較沒那麼正式。【腰帶／三橋京子製作】

底色是深藍色的袋帶，上面織了可愛的龍。在中國，龍是有喜事時才會出現的祥瑞生物。

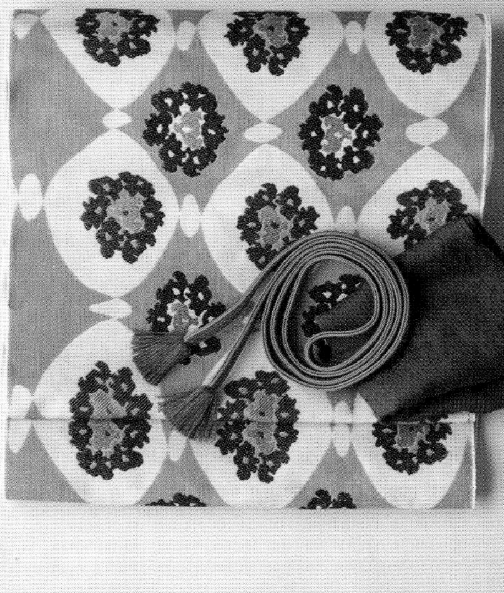

花色沉穩的編織名古屋帶依據不同的搭配方法，呈現出來的感覺也會不同，來享受一下各種搭配法吧。

雲紋樣的編織名古屋帶表現出了代表吉祥的瑞雲在天空中飛翔的模樣。如果搭配有花紋的江戸小紋和服，就可以穿去參加親友的祝賀宴席或茶會了。

# 能穿去許多場合的高級小紋和服

圖案低調、素色感覺的小紋和服，
使用了金銀線、金彩、刺繡的小紋和服，
有花紋的江戶小紋和服與加賀小紋和服……
即使是小紋和服，也可以當作外出服或穿出禮服感。

素色感覺的小紋和服搭配上正式的腰帶，可以穿去參加結婚典禮

遠看像素色的低調花色小紋和服可以穿去參加沒那麼正式的餐廳婚宴，不會太過誇張，但又給人正式的感覺。只要搭配古典紋樣的袋帶就會變得很優雅。

染成細小格紋的小紋和服，搭配輕鬆風格的染色或編織名古屋帶，感覺為之一變。

## 參加祝賀宴席——
## 單一花紋的江戶小紋和服搭配個性派袋帶

染成細小、單色的江戶小紋和服，有紋路的感覺備添質感。只要搭配正式的袋帶，就可以穿去聚餐或參加茶會。腰帶的主題是伊朗神話中的鳥，是長壽的象徵。

## 出席派對——
## 金彩的外出小紋和服搭配正式腰帶

白底布料染上葡萄唐草，一部分染上金彩，具華麗感的小紋和服，搭配上正式的袋帶，就變成輕鬆的外出服。

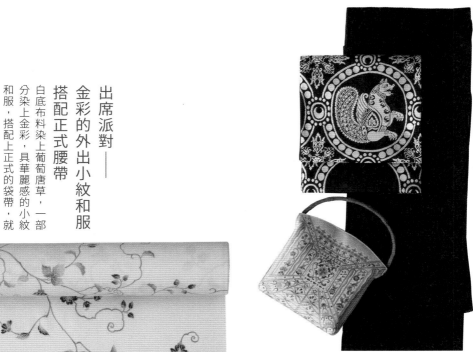

穿小紋和服外出

# MORITA風的外出京都

想盛裝打扮時，就選擇小紋和服吧。一旦穿上「柔軟衣料」，舉止就會不可思議地自然變得淑女起來。

穿著素色感覺的小紋和服搭配獨特的染帶前往時尚的「GALLERY YDS」。小時候我家就在那間店對面，所以更覺得親切。

## ❶京都觀世會館

能夠輕鬆觀賞能劇與狂言的能樂堂，只要有以前就認識的能樂師演出，我一定會去看。我現在可以從頭看到最後了，第一次觀賞時看到睡著呢。我覺得狂言也很有趣。

「京都觀世會館」鏡板之松是堂本印象設計的。
●左京區岡崎円勝寺町44　☎075-771-6114

## ❷藝廊YDS

時間充足時會想去、充滿和風的超棒藝廊。除了舉辦介紹日本優美手工藝的企畫，還有以手工製作的玻璃、木工、染織等器皿為主，讓生活充實的豐富日常小物。

讓人放鬆的「藝廊YDS」。
●中京區新町通二条往上　☎075-221-1664

## ❸好日居

想逃離岡崎的喧囂喘口氣時，我會想在這裡安靜度過。老闆橫山先生將大正時期的房屋整修後開始經營茶屋。店內以中國茶為主，依據不同季節可以喝到不同的茶。這家店曾與「ｏｍｏ」合作舉辦穿和服外出的企劃。

讓人放鬆的空間「好日居」。
●左京區岡崎円勝寺町91　☎075-761-5511

## ❹ Salon & Bar Samgha

由淨土真宗本願寺派的光恩寺僧侶羽田高秀經營，讓人放鬆的BAR。販售日本紅酒、各種威士忌、精釀啤酒等各種選擇是這家店的特色，讓客人可以一邊喝酒一邊自然而然地接觸佛教，也舉辦過「穿和服喝日本紅酒」的活動。

「Salon & Bar Samgha」的營業時間是晚上六點到半夜十二點。

●中京區油小路通蛸藥師往下

☎ 075-252-3160

## ❺ 枝魯枝魯HITOSINA

提供獨創又豐富多樣化和食無菜單料理的人氣餐廳，深受外國人喜愛。在巴黎也有分店，巴黎與京都店裡的筷套是「omo」製作的。

「枝魯枝魯HITOSINA」在鴨川旁邊。

●下京區西木屋町通松原往下

☎ 075-343-7070

## 6 祇園 大渡

有一位風格獨特老闆的美味日本料理餐廳，是一間不容易預約的米其林二星餐廳。坐在只有八個吧檯座位的雅致店內，享用店家每個月替換、用心製作的套餐料理。盛裝料理的器皿也很棒。

雖然是名店卻很親民的「祇園 大渡」。
●東山區祇園町南側570-265
☎ 075-551-5252

## 7 オールデイダイニング洛空

位在京都威斯汀都酒店（The Westin Miyako Kyoto）二樓，從早餐到晚餐一整天都提供BUFFET。我每個月會經過這家飯店兩次，所以經常去吃，是一家可以穿著和服去吃飯的時尚餐廳。

烤牛肉是「オールデイダイニング洛空」必點菜色。
●東山區粟田口華頂町１（三条蹴上）
☎ 075-771-7162

## ❽ Roji Shop

現在的社長岡島重雄是我的小學同學。因為這個緣分，這裡也有販售「omo」的商品。這裡的商品陳列了京友禪的布包巾、懷錶和包包等豐富的和服小物，一般人都可以進來購買。

「Roji Shop」位在烏丸通沿線的TOKIWA大樓三樓。

●中京區木屋町通御池往上　☎ 075-221-3502

## ❾ 印度紅茶販售

老闆直接向印度訂購高品質的茶葉來販售，我是紅茶派的，而且最喜歡印度奶茶。無論是自己要喝的或送禮，我都會來這裡買。雖然以販售茶葉為主，但也有販售一些印度雜貨。

「印度紅茶販售」瀰漫著印度的香味。

●中京區麩屋町二条往下

☎ 075-231-1536

## ⑩ 甘樂花子

販售由散發出職人氣質的老闆所製作的美味生菓子，老闆娘是我的同學。隨著四季變化販售不一樣的菓子，讓人品味京都的四季。也有開設和菓子教室，一般人都可以參加。

「甘樂花子」最受歡迎的是很適合配抹茶吃的高級生菓子。

●左京區聖護院山王町16-21　☎ 075-741-8817

## ⑪ 京華堂利保

我最喜歡這家店名為「濤濤」的甜點，麩燒煎餅中夾著大德寺納豆，是種會讓人上癮的美味。爽脆的外皮帶有些許甜味。

「京華堂利保」掛在店頭的匾額很受矚目。

●左京區二条通川端往東　☎ 075-771-3406

散步道

## ⑫ 岡崎藝術巡禮

岡崎位在京都的東邊，這裡有細見美術館和京都市美術館、京都國立近代美術館等，美術館林立。我會確認展覽內容後再出門，看完展後去「好日居」喝杯茶再回家，這是我習慣的行程。細見美術館除了展覽之外還有美味的義大利餐廳，美術館販賣的商品也很豐富，我經常光顧。

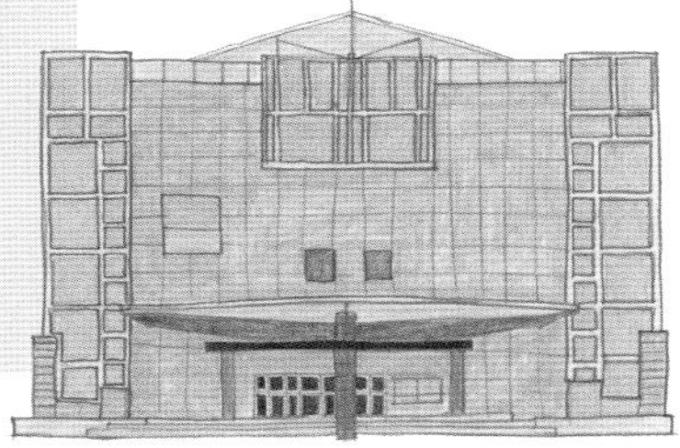

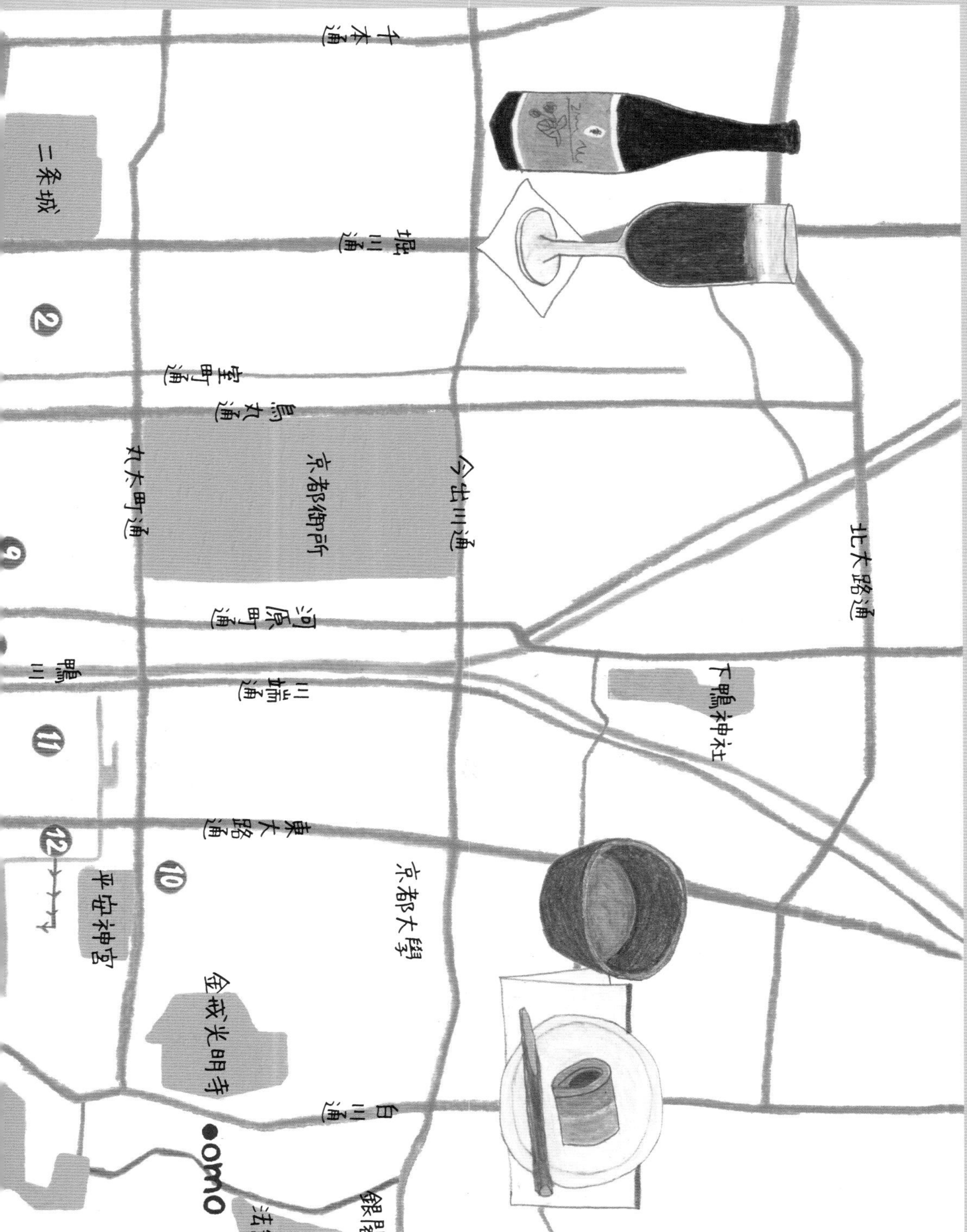
千本通
二条城
堀川通
2
室町通
烏丸通
丸太町通
京都御所
今出川通
9
北大路通
河原町通
鴨川
川端通
下鴨神社
11
東大路通
12
10
平安神宮
京都大學
金戒光明寺
白川通
omo
銀閣寺
法然院

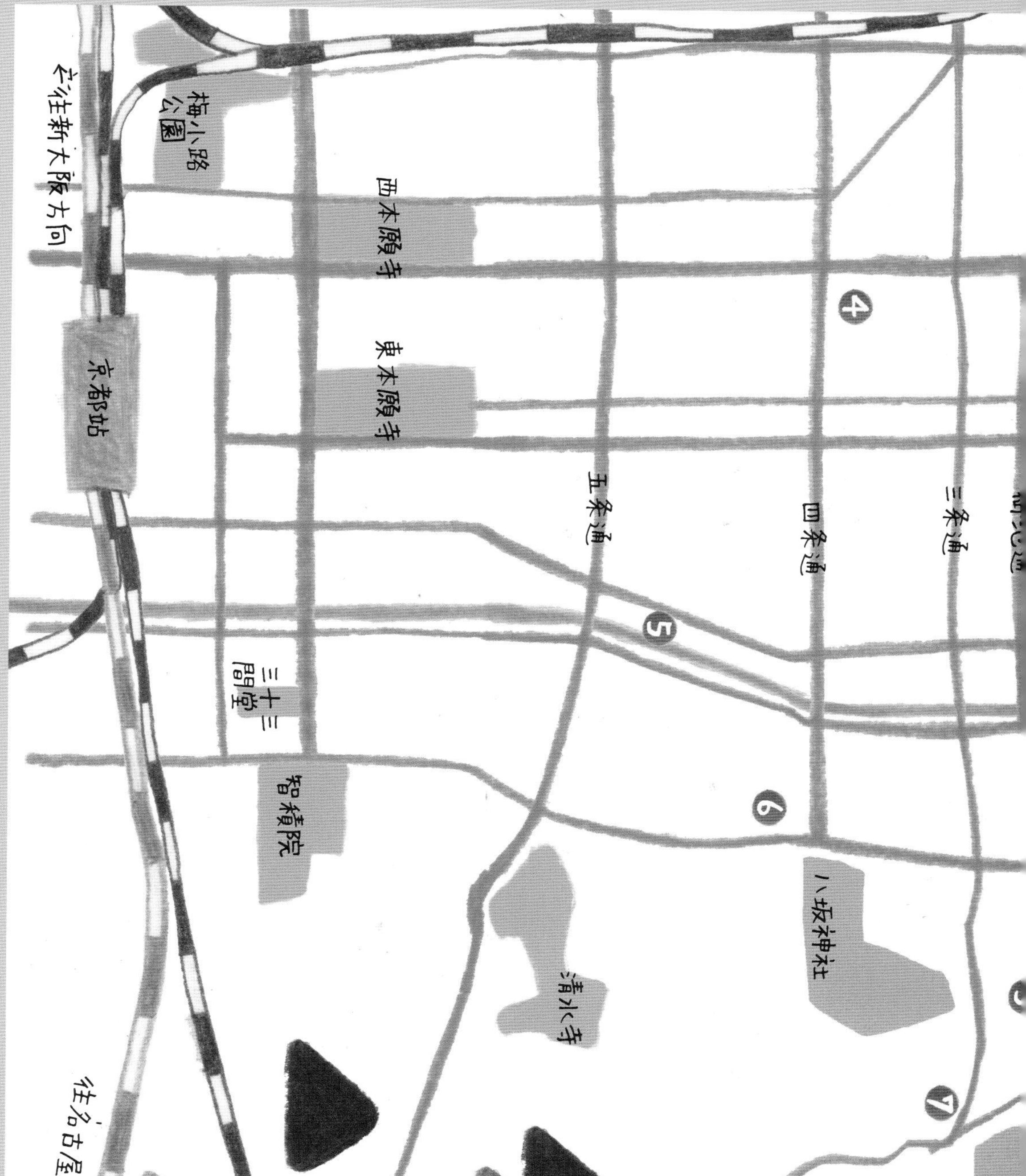
←往新大阪方向
梅小路公園
西本願寺
東本願寺
京都站
4
五条通
四条通
三条通
5
三十三間堂
智積院
6
八坂神社
清水寺
7
往名古屋方向→

# 參加茶會，這樣穿和服！

參加茶會時要穿怎樣的和服，得從主辦茶會的人是誰來思考。如果主辦者是個注重規矩的人，就要穿得比較正式；如果主辦者是個比較隨興的人，就可以穿得比較輕鬆。話雖如此，還是建議最好事先調查一下是怎樣的茶會。今年的初釜*是濃茶的點前，所以我會確實穿上拜訪用的服裝再去參加。（*新年最初所舉行的茶會）

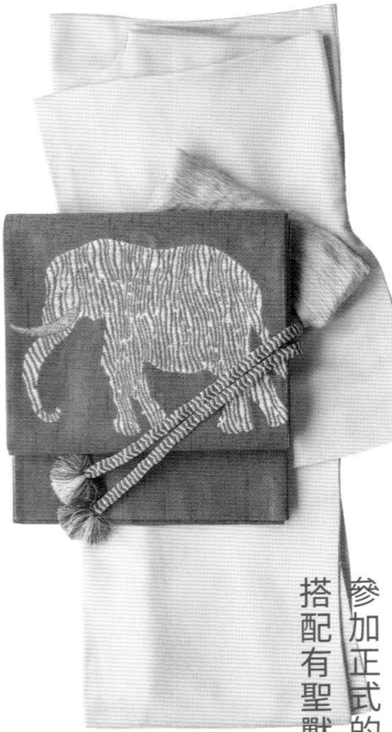

## 參加正式的茶會時，穿素色和服搭配有聖獸圖案的個性腰帶

穿去茶會的和服，除了小紋和服之外，一件素色的和服再替換不同的腰帶，從練習到初釜都能對應，非常方便。洒落袋帶的主題是白色大象，是與釋迦牟尼有關的吉祥物，很適合穿去喜事的場合。

這件是別人給我的結城絲綢和服，重新染色成黑色，穿起來溫暖又好穿，讓人愛不釋手。我穿著去做茶道練習，卻發現因為它的布料硬又有彈性，不太適合做點前。腰帶是二部式的，上面的圖案是馬鈴薯。

## 平日的茶道練習我會穿黑色底的結城絲綢和服，搭配自己做的個性腰帶。

## 下雨天的茶道練習我會穿聚酯纖維的小紋和服配現代風腰帶

我覺得做點前時穿和服很理所當然，所以去茶道練習時一定會穿和服。無論是絲綢還是聚酯纖維（茶道老師也很喜愛），只要是和服都可以。如果是下雨天或是去水屋幫忙，我多半會穿聚酯纖維的和服。

我愛用的茶碗

茶道練習時，
也可以穿素色感覺的小紋和服搭配編織腰帶。

我在大學時代因為打算做新娘特訓而開始學習裏千家茶道，學習期間斷斷續續，現在我跟著這位茶道老師已經學了四年。年輕時不曾留意，但現在的我發現從工具、茶室的模樣，到和服、小綢巾等，其實自成一個小宇宙。無論是茶碗的黏土、茶杓的竹子、茶壺的鐵、棗（茶器的一種）的漆等的素材，都很有學問，凹間的花、掛軸、點心等，也會依據不同季節來做變化，我覺得很有趣。

## 帶結的代表！太鼓結的打法

最基本的帶結無疑是用名古屋帶打成的太鼓結（一重太鼓），從木棉和服、絲綢和服到小紋和服，太鼓結都能廣泛運用。腰帶繞身體兩圈後，將剩下的腰帶打成太鼓結。即使完成的形狀一樣，每個人的打法仍有微妙的差異，這裡介紹我平常的打法。

後染的絲綢和服搭配同色系的名古屋腰帶打成太鼓結，這樣就可以穿上街了。太鼓結只有一重，因此稱為一重太鼓（袋帶是二重）。

**1**

首先繫上附有鬆緊帶的帶板。接著將腰帶前端放在左肩上，用夾子夾在和服的前襟。

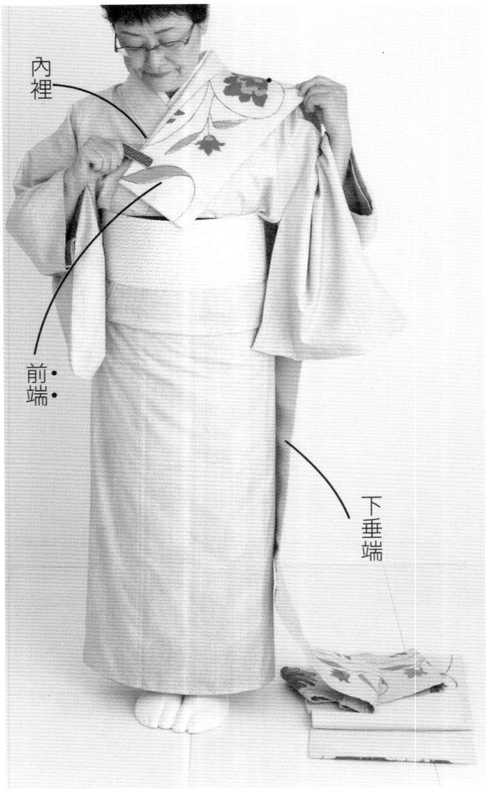


### 關於名古屋帶

在大正時代於愛知縣名古屋市所設計的名古屋帶，成為現代和服生活的基本。作法並沒有固定，一般來說最普通的作法被稱為名古屋式。腰帶後端約三尺（一百一十四公分）處反摺進太鼓裡，剩下的部分將帶幅對摺就完成了。名古屋帶可以搭配絲綢與小紋和服做為外出服，如果是有金銀線的腰帶，搭配付下或素色和服等，就可以穿去比較正式的場合。

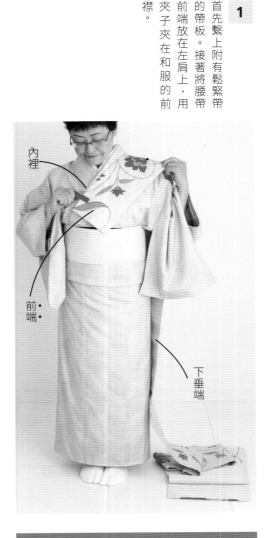

**2**

在背部中心處將腰帶斜上反摺，內裡朝下。左手壓住反摺的地方。

**3**

腰帶繞身體一圈後，放開左手。

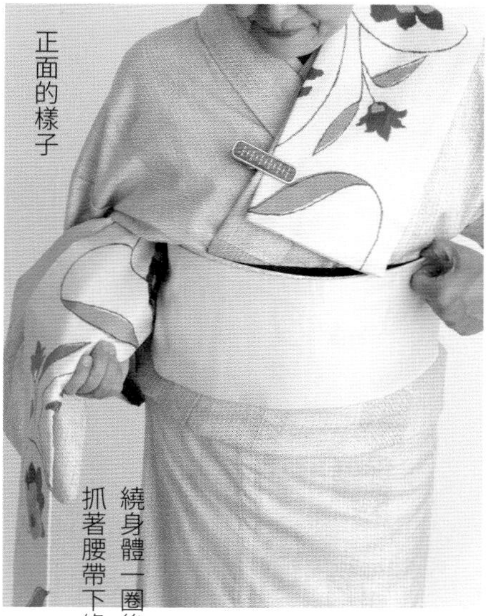

正面的樣子

繞身體一圈後，抓著腰帶下緣。

**4**

沿著第一圈的位置再繞身體第二圈。

**5**

抓著腰帶下緣，停在繞完第二圈的地方。

**6**

把固定腰帶前端的夾子拿掉，改成固定腰帶纏繞身體的部分。

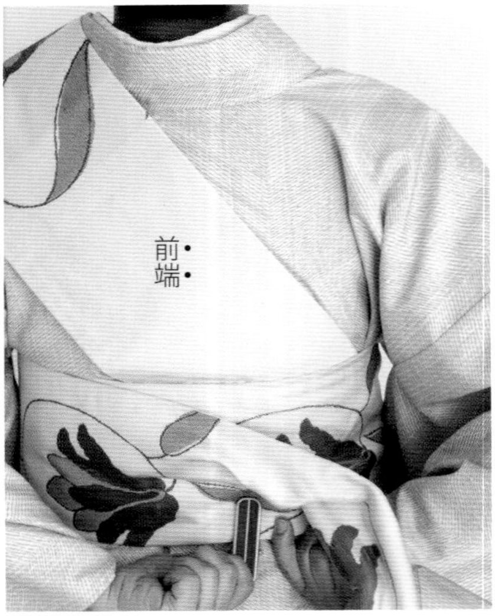


**7**

讓原本暫放在左肩上的前端腰帶垂下來並用左手拉著，右手拉著下垂端。

**8**

讓前端腰帶保持下垂，將下垂端的部分往上摺並放在左肩上。將原本固定腰帶的夾子拿下來。

**9**

將前端腰帶從右邊腋下繞到身體正面後，夾住腰帶上緣，最好用夾子固定住。

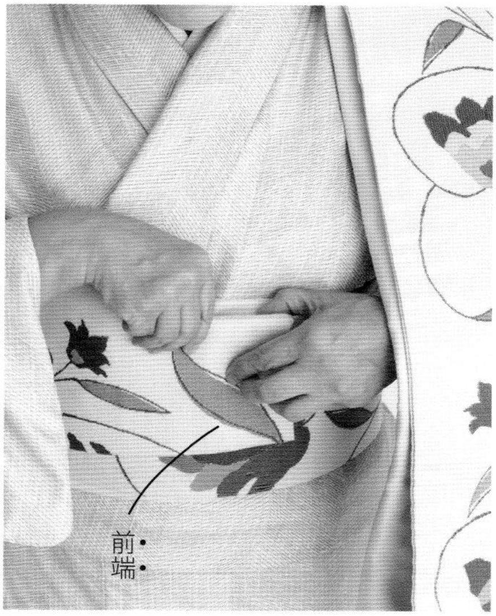

**10**

將原本暫放在左肩上的下垂端放下來，將其整齊地攤平。

**11**

將帶揚覆蓋在帶枕上，將鬆緊帶固定在中央。建議在纏繞腰帶前就先準備好。

**12**

單手抓住帶枕的中心，另一隻手按壓著腰帶垂下來的地方。

**13**

單手壓著腰帶垂下來的地方，另一隻手將帶枕放入腰帶垂下處，帶枕內側和腰帶內裡貼合。

**14**

將帶枕往上翻，帶枕內側壓在背部。

**15**

將帶枕的鬆緊帶打結（蝴蝶結等），再塞進腰帶裡。接著將帶揚暫時打個結。

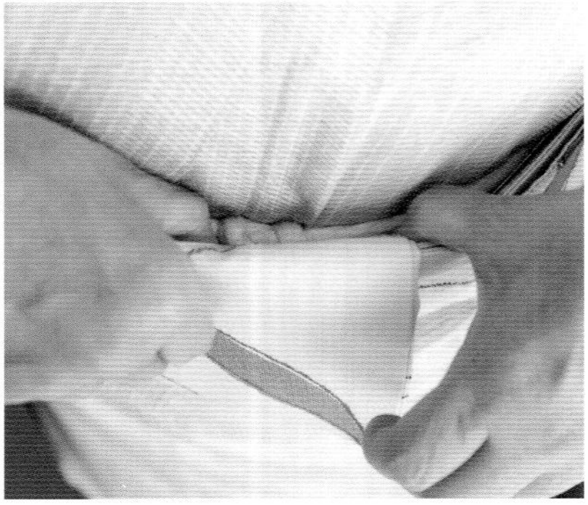

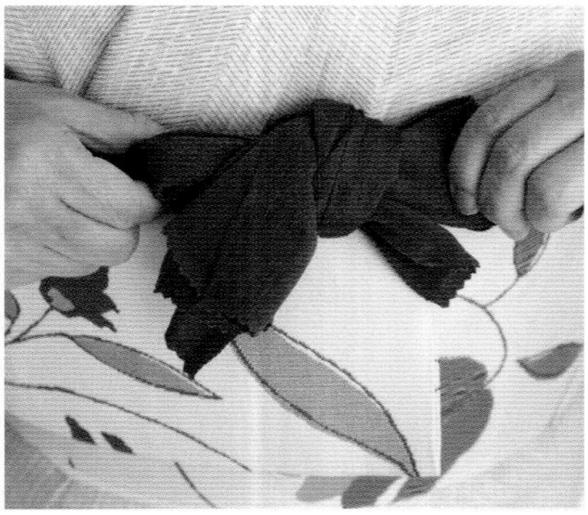

**16**

先決定太鼓下緣，再將腰帶下垂的部分摺回內側。太鼓的下緣標準是纏繞身體的腰帶下緣。

**17**

腰帶下垂端約留一根手指頭長，剩下的部分摺回內側做成太鼓。

**18**

拿掉步驟9夾住腰帶前端的夾子，從身體右邊將前端塞進太鼓裡。

**19**

依據腰帶前端的長度，讓腰帶從太鼓左邊露出一點點，整體平衡感比較好。

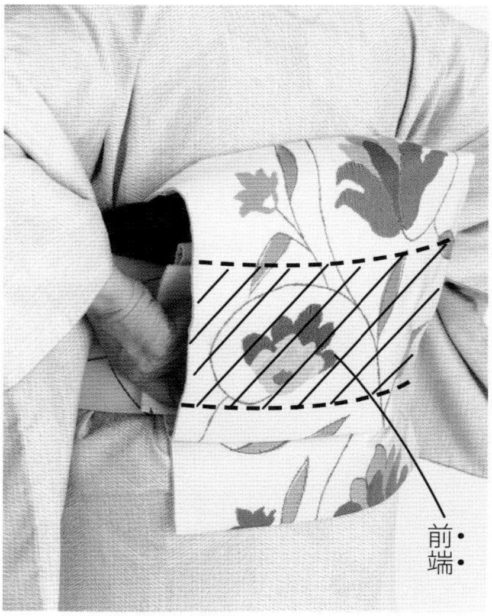

**20**

抓住帶締的中央，同樣從右邊放進太鼓裡，通過腰帶上面。左手伸進太鼓裡，等待抓住帶締。

**21**

帶締繞到前面，將左右的繩子調整成一樣長度後打結。接著重新將帶揚打好結。

＊帶締與帶揚的綁法參照一一四～一一七頁。

**22** 太鼓結，完成。

熟悉二部式腰帶的綁法之後再來學這個綁法，非常有趣。多綁幾次就會愈來愈厲害了。

## 稍微正式的穿扮！二重太鼓的綁法

長度長的袋帶能夠做出各式各樣創作綁法，但應該先學會兩層太鼓的二重太鼓。二重太鼓搭配外出的絲綢和服與小紋和服時，會因為具分量感而顯得華麗。

**1**

繫上附有鬆緊帶的帶板。將腰帶前端對摺後放在左肩上，用夾子夾在和服的前襟。

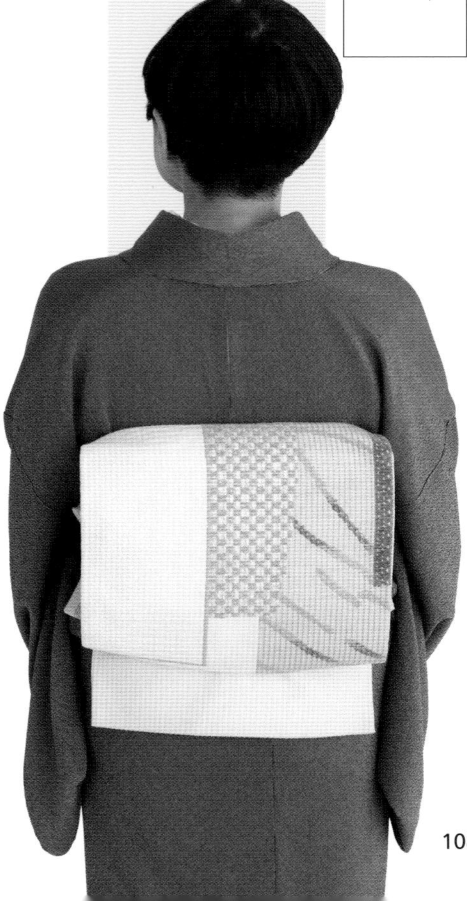

以袋帶綁成的二重太鼓。與用名古屋帶綁的比起來，太鼓略為大一點也沒關係。

**2**

將在背部中心處的前端腰帶反摺，纏繞身體兩圈。把固定前側的夾子拿掉，改成固定纏繞身體的部分。

＊腰帶的纏法參照九八～一〇〇頁。

**3**

解開原本放在左肩上的腰帶前端，再將另一頭的腰帶下垂端往上摺。將腰帶前端從右邊腋下繞回身體前方，暫時夾住。

## 關於袋帶

在名古屋帶出現之前，袋帶在明治時代就已登場。因為織成袋狀而有此名稱。主流做法是外側與內側分別織好再結合在一起。袋帶比名古屋帶更長，除了可以打二重太鼓結，還可以打振袖的變化結。除了有使用金線、銀線與金箔等豪華禮服用的，還有像示範圖中使用的、以有顏色的線織成圖案的款式，被稱為洒落袋帶。洒落袋帶最適合搭配絲綢和服、小紋和服、付下與素色和服。

**4**

解開暫放在左肩上的下垂端，整齊地攤平。

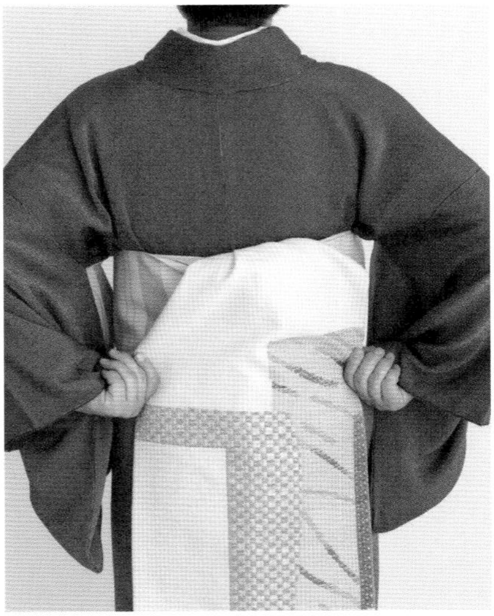

**5**

將仮紐（暫時用綁帶）放在下垂端的頂端，再繞到身體前面打結。仮紐的位置是纏繞身體的腰帶下緣。

＊長度的話長一點比較好。常用的仮紐是三重紐（振袖的帶結等使用的綁帶）。也可以使用腰紐。

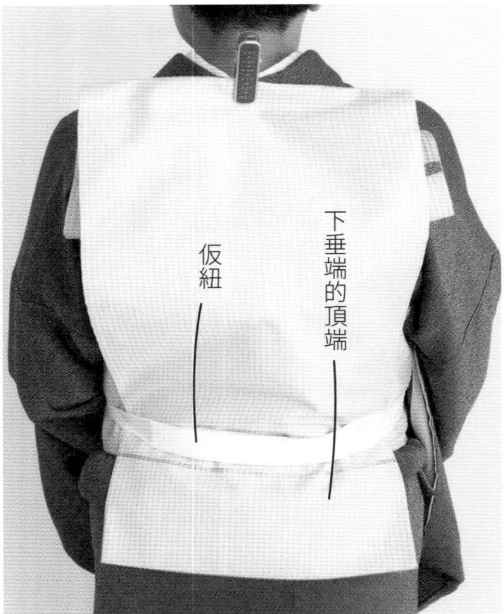


**6**

單手壓著腰帶垂下來的上方處，另一隻手在太鼓裡將帶揚覆蓋在帶枕上。

＊帶枕的放法參照一〇二～一〇四頁。

**7**

將帶枕翻上來貼在背上，帶枕的鬆緊帶和帶揚繞到身體前面。

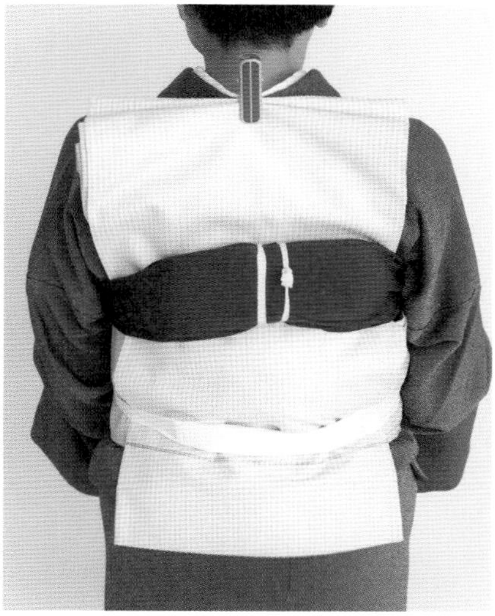

※為了讓大家看清楚，示範照片中刻意將夾子留在腰帶上。

**8**

帶枕的鬆緊帶在身體前面打結後塞進腰帶裡。將帶揚塞進仮紐裡，多出來的部分夾進胸前。

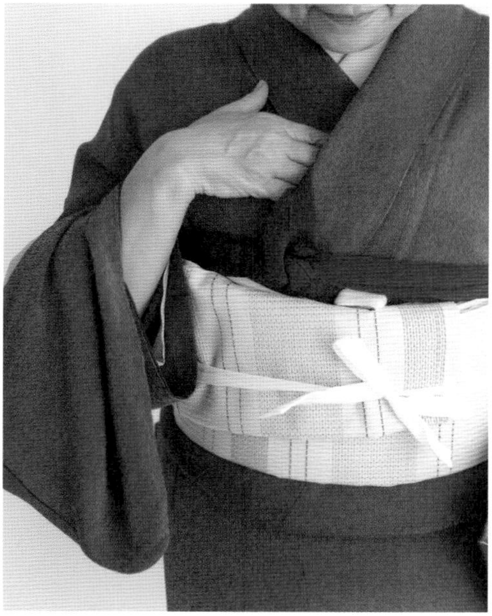

**9**

決定太鼓下緣，太鼓的下緣在仮紐下來一點的地方。

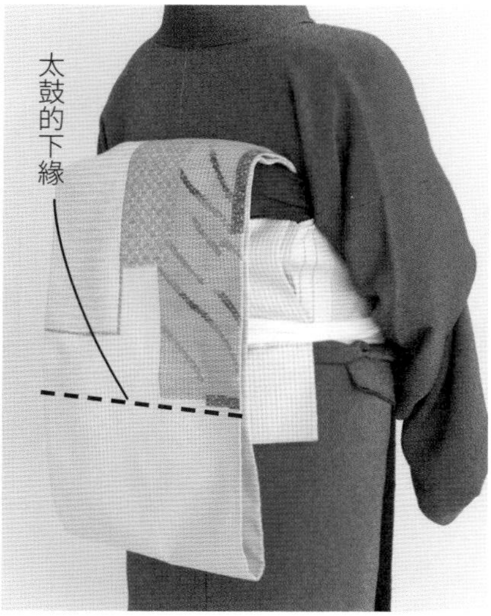

**10**

從太鼓下緣往內側反摺，為了不讓太鼓的形狀塌掉，從上面壓住，輕輕地拉掉仮紐。

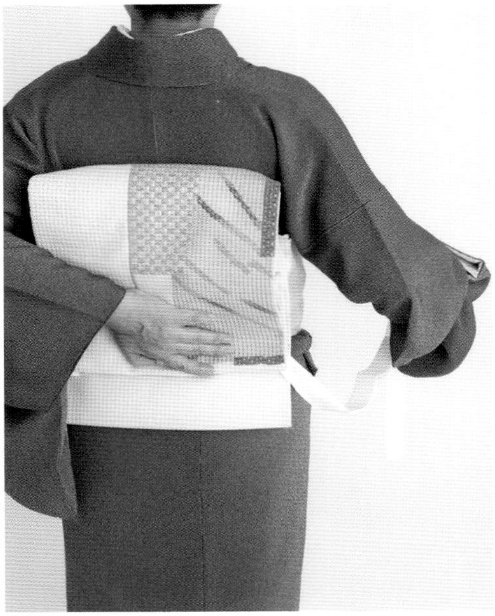

**11**

左手伸進太鼓裡，壓住太鼓，右手拉住腰帶前端，將其從身體前方繞到後面，塞進太鼓中。

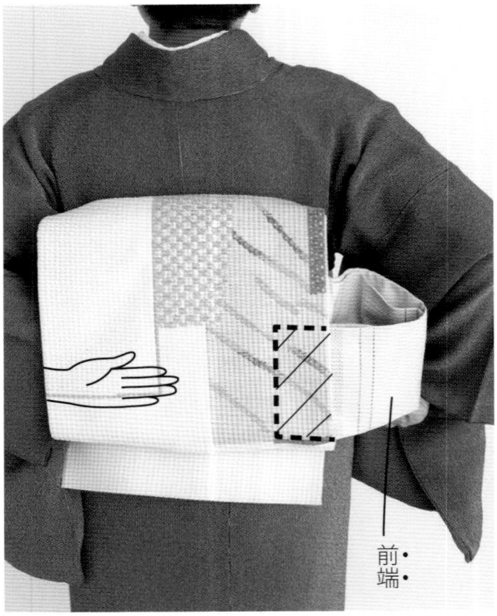

**12** 從左邊將腰帶前端稍微拉出一點，確認太鼓的形狀，接著從太鼓右側穿入帶締，通過腰帶前端的上方。

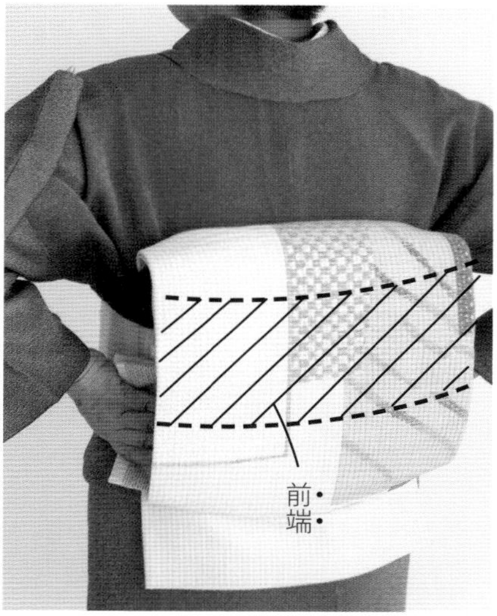


**13** 將帶締從前面拉出來，調整左右兩邊的長度，使其一樣長，接著在中間打結。然後重新將帶揚打好結。

＊帶締與帶揚的綁法請參照一一四～一一七頁。

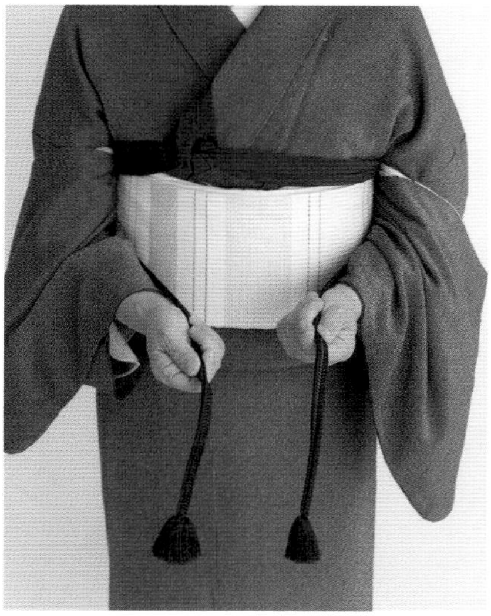

太家常覺得二重太鼓很難，其實只要利用仮紐，它的綁法比名古屋帶還要簡單呢！

好好對待配件！

# 帶揚與帶締的綁法

帶揚與帶締的綁法都一樣，無論穿哪一種和服，這兩者只要綁得漂亮，穿上和服後的完成度都會更好。帶揚與帶締哪一個先綁都可以。如果你先綁帶締，那就先用仮紐將帶揚固定好。

## 帶揚

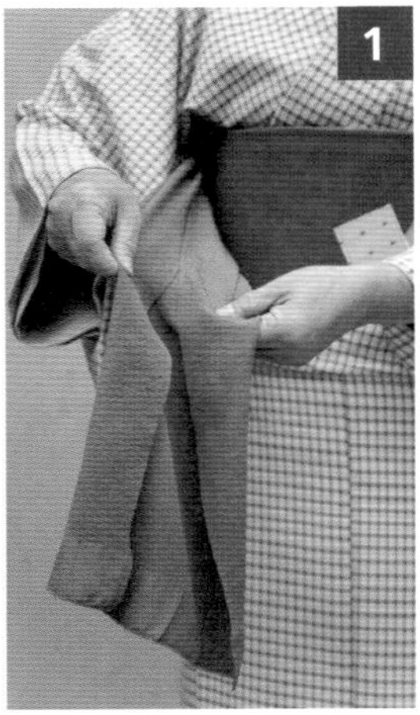


將帶揚左右兩邊的長度調整成一樣，把在身體兩側的帶揚寬度拉平，前端則往內摺。

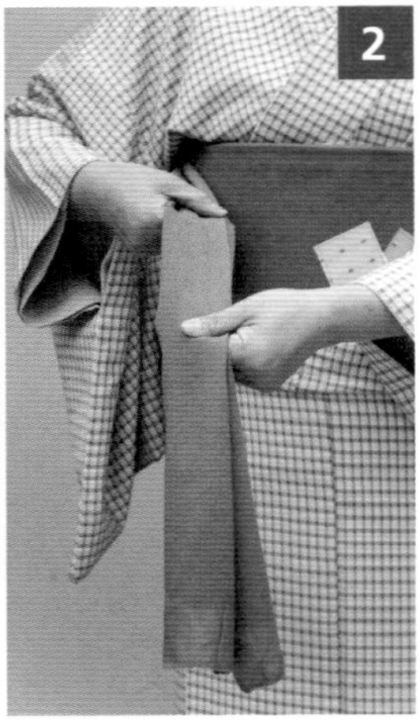


從內側將帶揚的寬度摺對半。

將摺好的帶揚塞進腰帶中，另一邊的帶揚也同樣摺好。

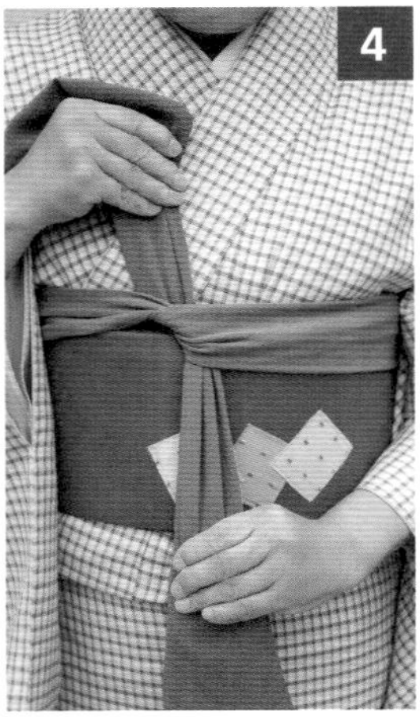

在身體中央將左右兩邊的帶揚打結。結的地方拉成直的。

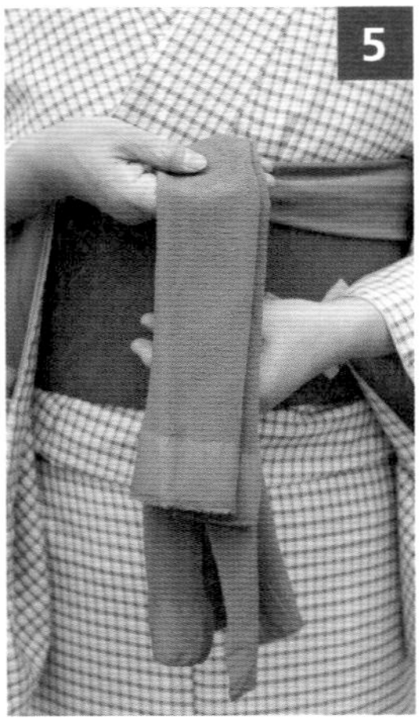


將其塞進和服與腰帶之間，用上面的帶揚蓋住下面的帶揚。

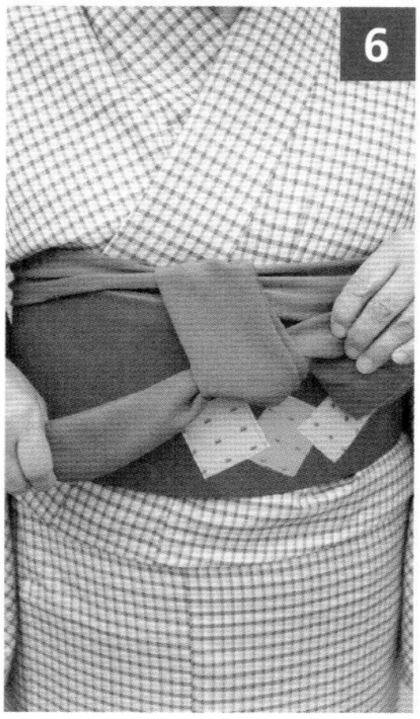


下面的帶揚做一個圈，上面的帶揚往上穿過去。

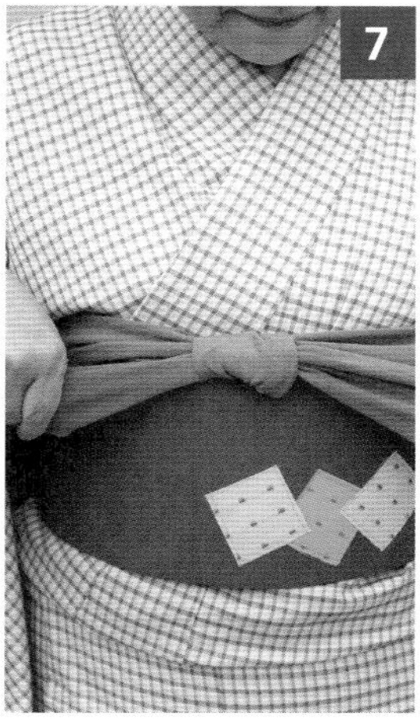


輕輕地將左右的帶揚拉緊打結。如果綁得太緊，結的地方會塌掉，要特別留意。

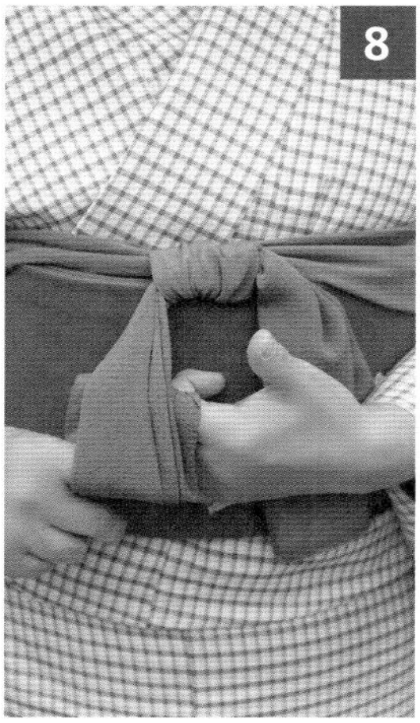


帶揚剩下來的部分用手指頭捲成小小的。

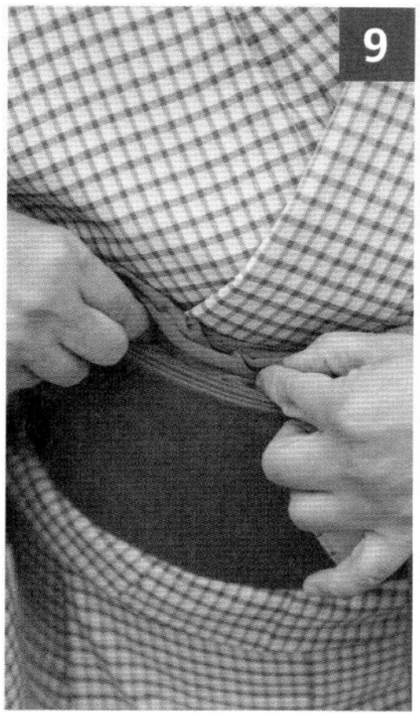


塞進和服與腰帶之間。

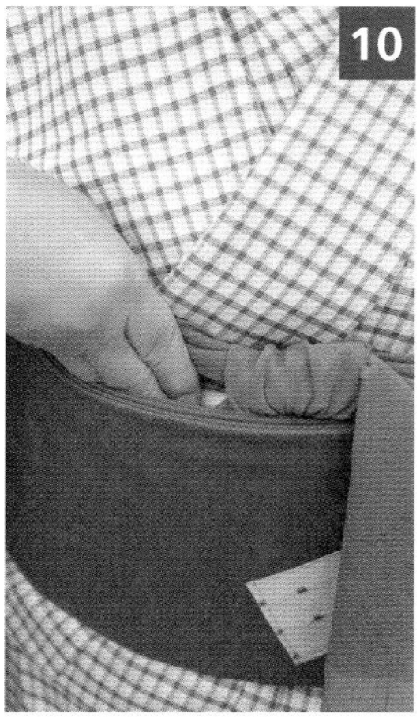


手指伸進腰帶內，把帶揚塞進腰帶下面。另一邊也一樣。

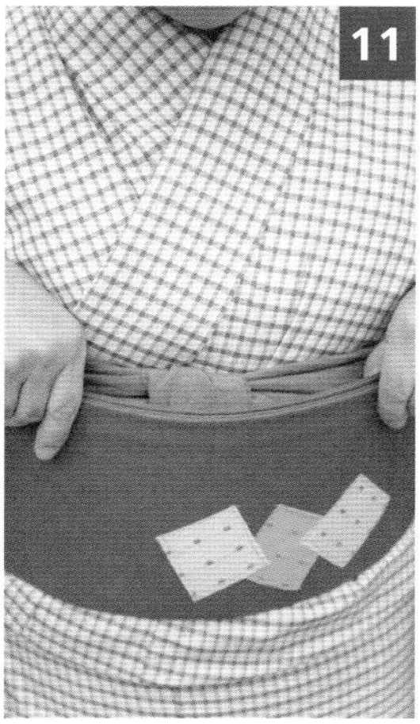


兩手的大拇指伸進腰帶內側，向左右塞，讓帶揚與腰帶貼合。

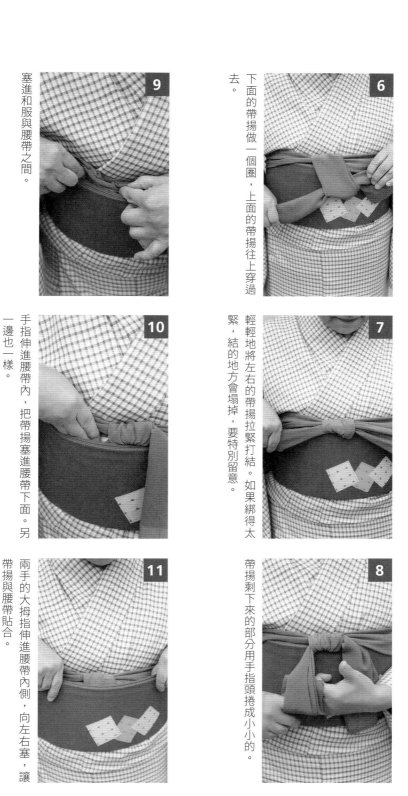

# 帶締

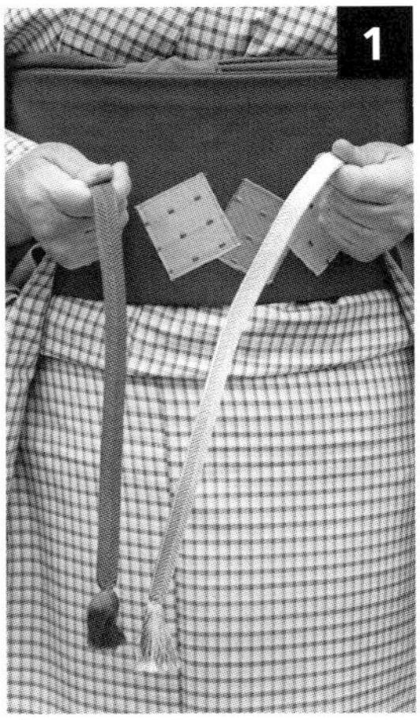
1

將帶締的左右兩邊拉成一樣長。

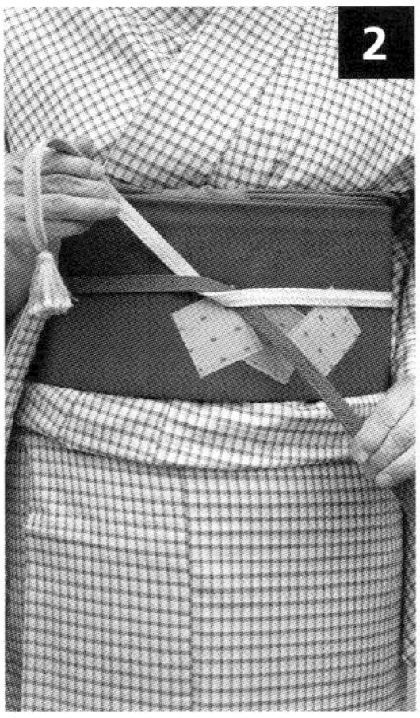
2

在身體的中央打一個結。

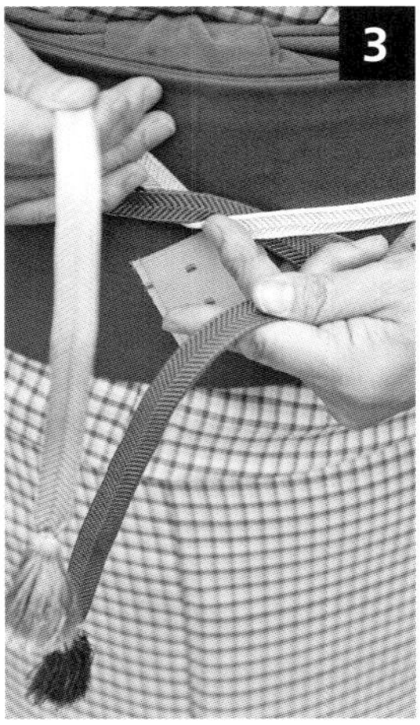
3

為避免打結處鬆掉，用中指壓住。

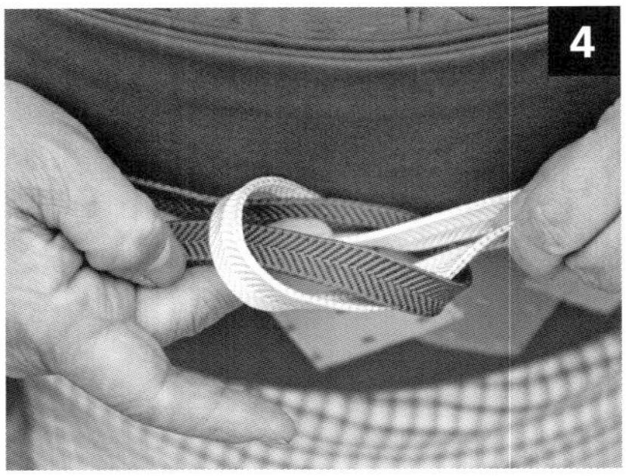
4

壓住打結處，將上面的帶締做一個圈，將下面的帶締從那個圈穿過去。

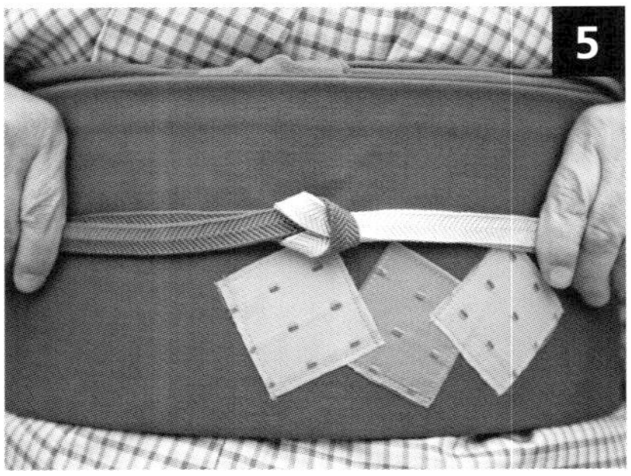
5

打結處用手指壓緊，將左右的帶締拉緊。

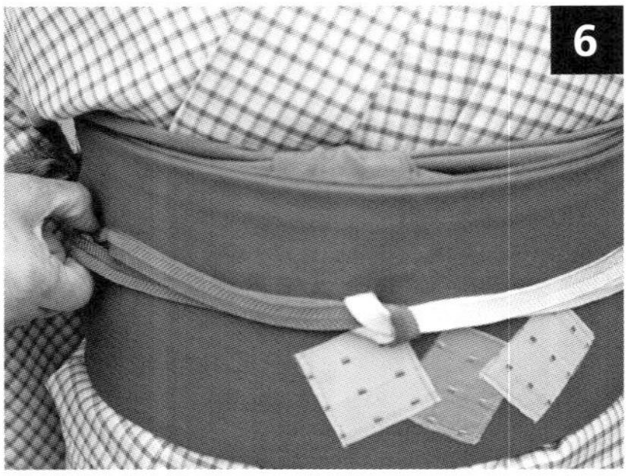
6

將帶締後端往左右拉開，將上面的帶締夾進去。

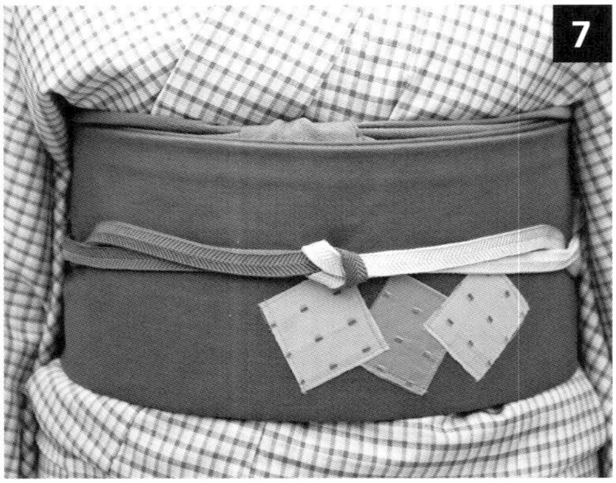
7

帶揚與帶締就完成了。

# 帶留的用法

帶留使用的鬆緊帶通常比帶締的更細（三分紐或二分紐）。和帶締一樣，帶留也要選擇能與和服和腰帶協調的款式。

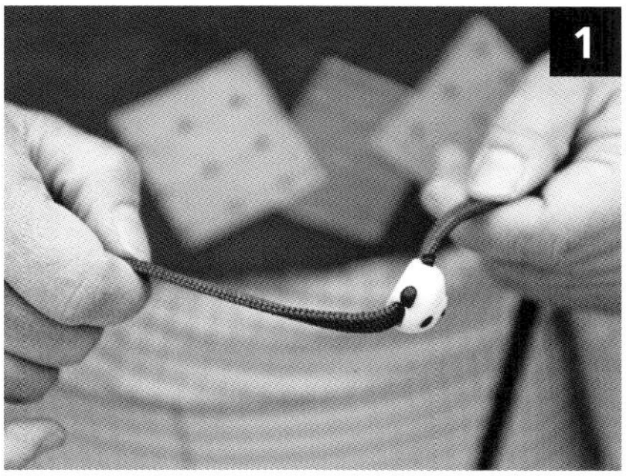

1 將鬆緊帶穿過帶留的孔。

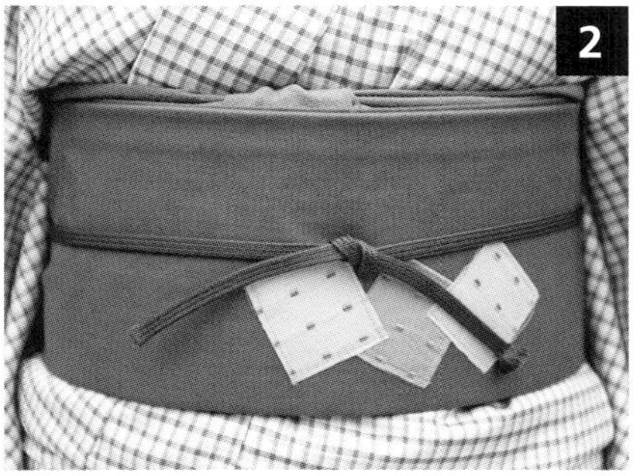

2 在太鼓裡穿過腰帶前端，拉住鬆緊帶，在身體前面打結。綁法與帶締一樣。

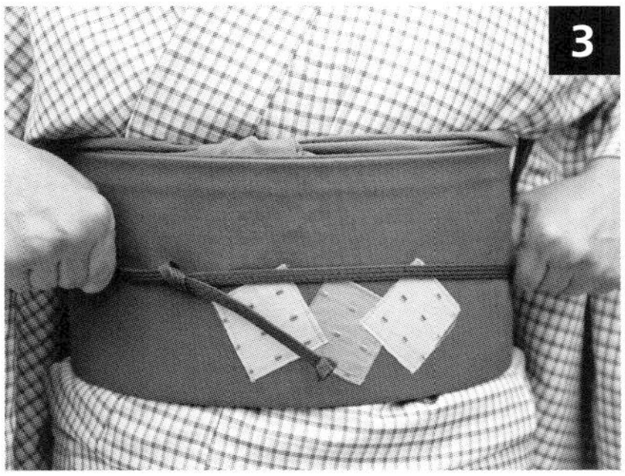

3 將鬆緊帶從右邊往後轉，將打結處藏到太鼓裡面。

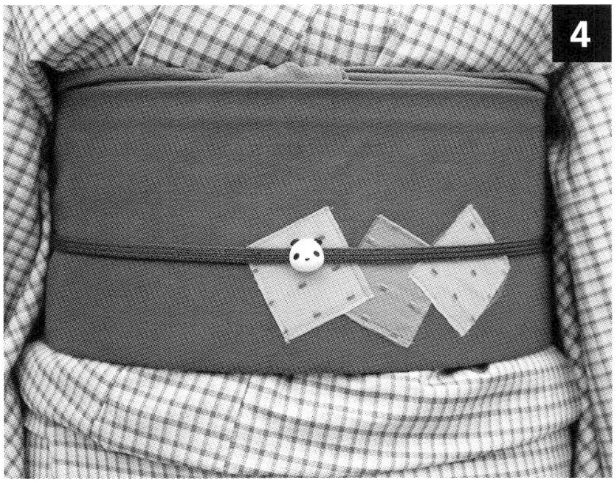

4 將帶留移到身體正前方。

# 穿和服的必備物品

購買最低限度的小物也ＯＫ！

和服、腰帶、長襦袢、半衿、足袋，除此之外還需要穿搭小物與貼身襯衣。這裡介紹的是我常使用的物品。以腰紐來說，有各種不同的材質與設計，若要追根究柢，選擇自己用起來最順手的物品最好。

## 穿搭小物

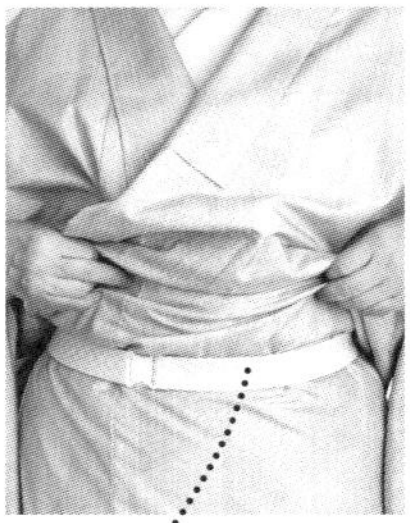

**腰紐** 穿和服時必須有一條腰紐。鬆緊帶款式可以依據體型來調整，無須打結。

**伊達締** 穿長襦袢與和服時各需要一條。博多織的伊達締不容易鬆掉，能確實綁好。

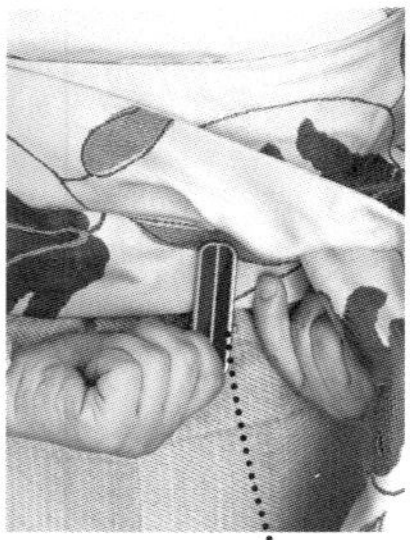

**夾子** 將腰帶夾在和服衣襟上時會用到，將腰帶纏繞身體時也可以幫忙固定。

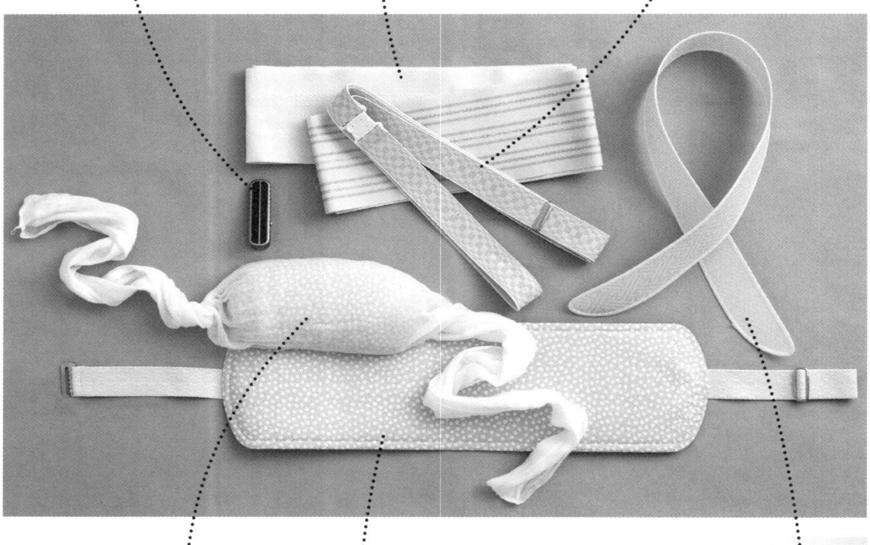

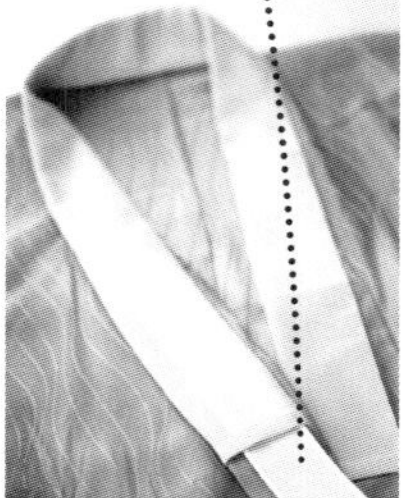

**插入式衿芯** 直接插入長襦袢的衿領縫隙即可。領口會因此變挺。

**帶板** 為了防止腰帶在纏繞身體時起皺時使用。附有鬆緊帶的款式很方便。

**帶枕** 為了讓太鼓的山能夠鼓鼓的。我是用附有紗布的款式，而且為了蓋住帶揚，中央還有鬆緊帶可以固定。

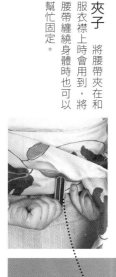

# 貼身襯衣

穿小紋等短暫外出的和服時，可以穿上下連身款式的貼身襯衣。我沒有特別穿調整體型的衣物。如果希望凸顯腰身，穿上貼身襯衣後可用毛巾等物品來纏身體。

我平常喜歡穿的貼身襯衣，上衣的話是襯衫型或背心型，下半身的話是手工做的寬鬆短褲或緊身褲等。穿上貼身襯衣之後，再穿上長襦袢。

＊寬鬆短褲的作法參照一三九頁。

# 長襦袢的穿法

左右和服穿得好不好的基本關鍵！

長襦袢是穿在和服下面的衣物，從外面看不到。但它的穿法卻比穿和服還重要。衣領合不合、衣領的高低等，關鍵點都在長襦袢。長襦袢的衣領已經先縫好半衿了。

**1**

抓住長襦袢的兩邊袖口，衣服的中間對準背中心（長襦袢的中間縫線對準背脊）。

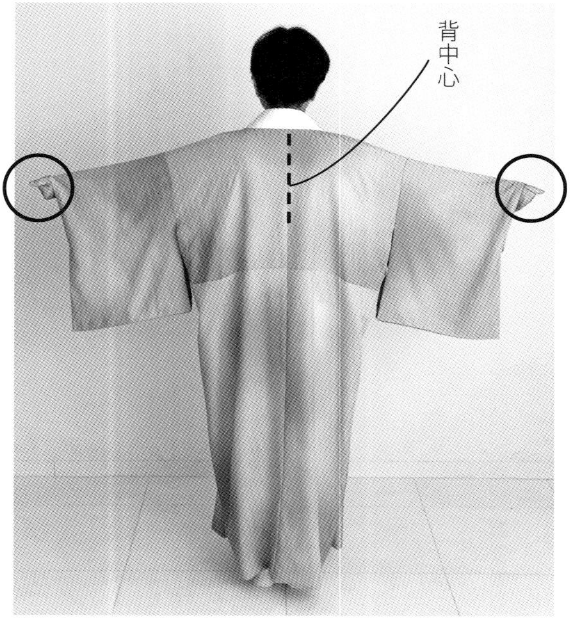


**2**

一隻手抓住長襦袢前方領口，一隻手抓住背部縫線處，讓衣領有縫隙。衣領寬度可依個人喜好調整，我喜歡多拉一點。

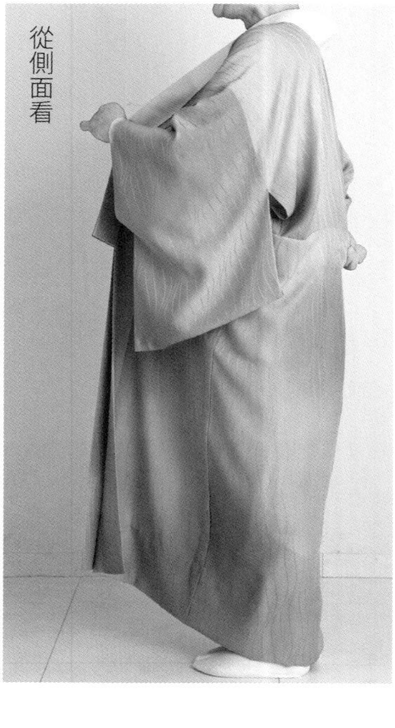

**3**

從自己的角度來看，按照右下（下前）、左上（上前）的順序拉好衣襟。我雖然拉鬆了後領，但我喜歡把衣襟拉緊。在這個步驟如果有確實拉好衣襟，等到穿上和服時，衣領會更貼合。

**4**

右手壓著衣襟，左手抓著伊達締中央處。

上前
下前
像要將胸部包起來般，將左右衣襟確實拉緊。

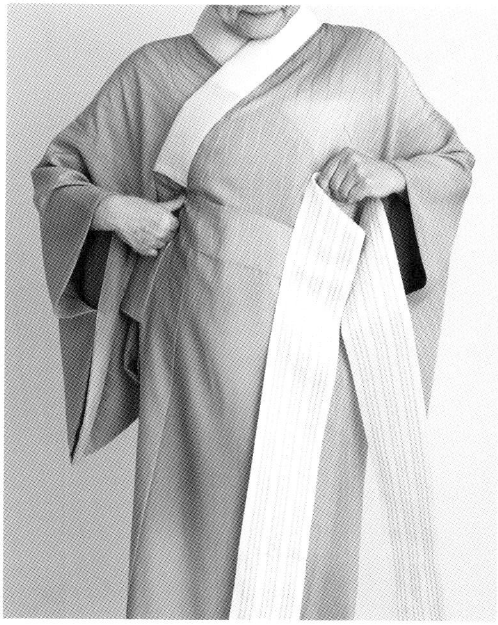

**5**

為了不讓衣領塌掉，將伊達締貼在胸部下緣。

**6**

將伊達締在背後交叉，確實拉緊後，再拉至前方。

**7**

在身體正前方打兩個結。

**8**

往左右拉緊後，將伊達締的兩端塞進上面，也可以將伊達締綁好的結塞進去。

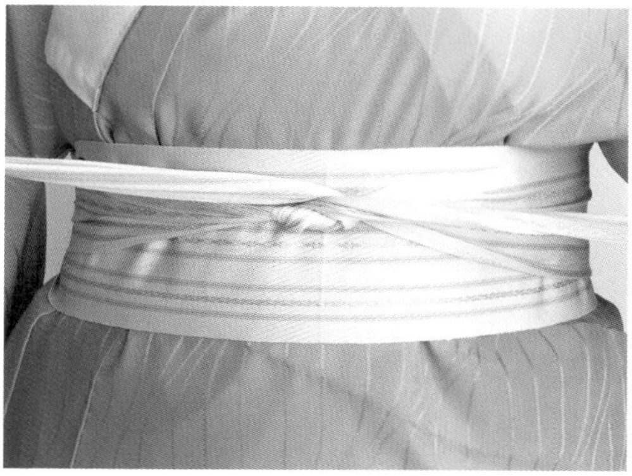

**9**

將手指伸進伊達締與衣服的中間，將背上的皺褶往左右拉平，拉至伊達締的下面（領肩圍的線）。這樣一來，後領就確實做出來了。

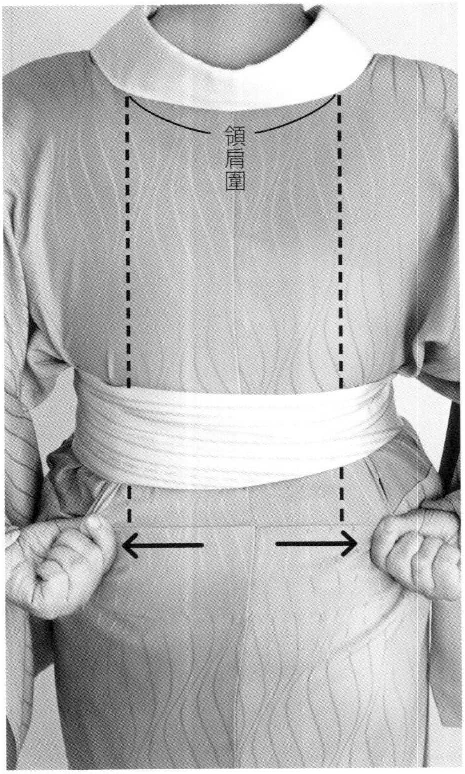


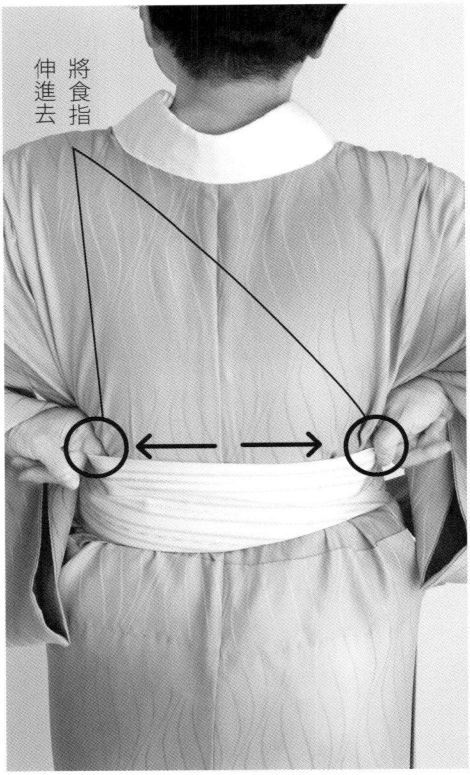

**10** 長襦袢穿好了。

確實做出好基礎，
和服就可以穿得很漂亮了！

側身，確認後領是否漂亮地拉出來。

## 半衿的縫法

半衿的縫法有半衿與衿芯一起縫的，也有只縫半衿、把插入式衿芯直接塞進去的。這裡介紹的是插入式衿芯的作法。

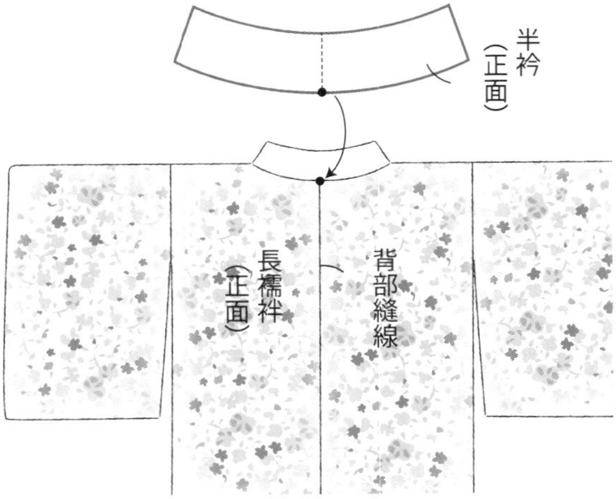


**❶** 半衿的中央與長襦袢的地衿中心貼合，先用珠針暫時固定。然後將珠針壓緊，將半衿漂亮地縫好。

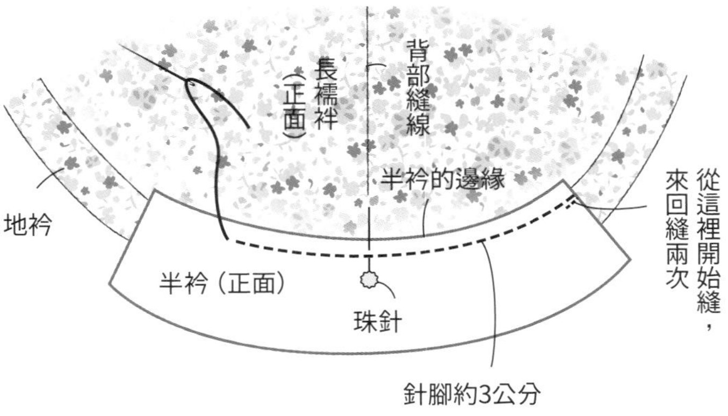


**❷** 將長襦袢的衿轉向靠自己這一側，將半衿縫在長襦袢的正面地衿上。縫在半衿邊緣約五公釐之處（不需要將邊緣往內摺，直接縫就可以）。

❸ 將半衿摺入長襦袢內裡。先將珠針釘在中央，接著從右側開始收邊。

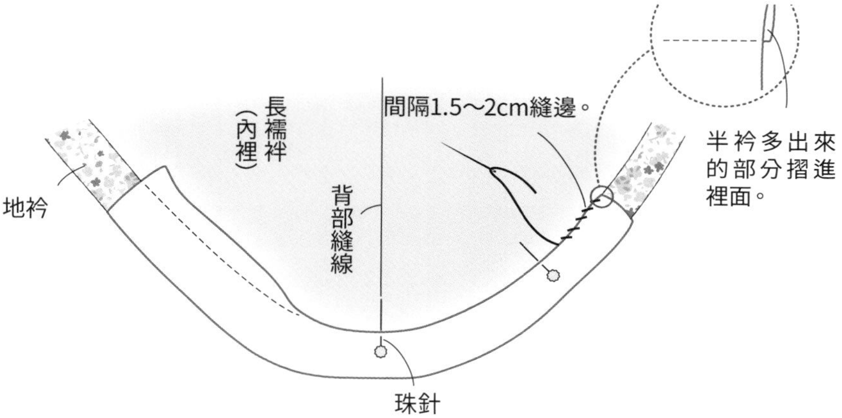


❹ 半衿縫妥。即使外側可以看到縫線也沒關係，因為外面還會再穿一件和服。然後將插入式衿芯穿過去。
＊參照一一八頁。

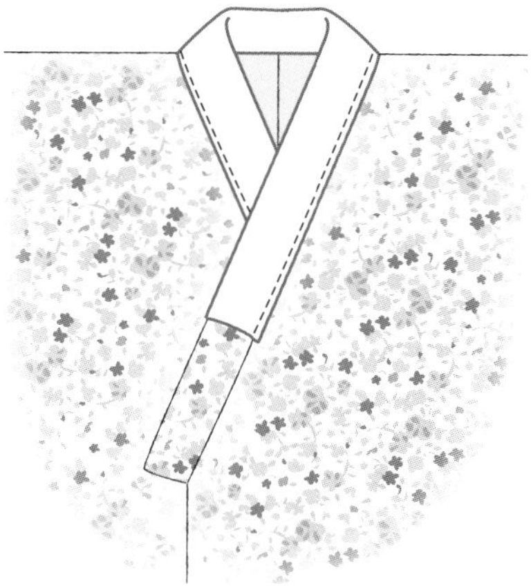

# 一下子就能穿好了！和服的穿法

包括長襦袢在內，基本上和服是依據自己的體型來縫製的。因此不會有多餘的部分，一下子就能穿好。完全貼合身體的和服穿起來最美了，沒有衣服比和服穿起來更美。

**1**

和服的衣領很寬（稱為寬衿），所以在穿之前先摺一半。如果是有暗釦的款式，先扣好；如果是有附線的款式，先將線綁好。

**2**

單手抓住和服的衣領，繞到身後，將和服披在肩上。

**3**

披上和服後，將長襦袢的袖子放進和服裡，將兩個袖子拉整齊。

**4**

和穿長襦袢時一樣，兩手分別抓住和服的袖口，將背部的中心線對齊。

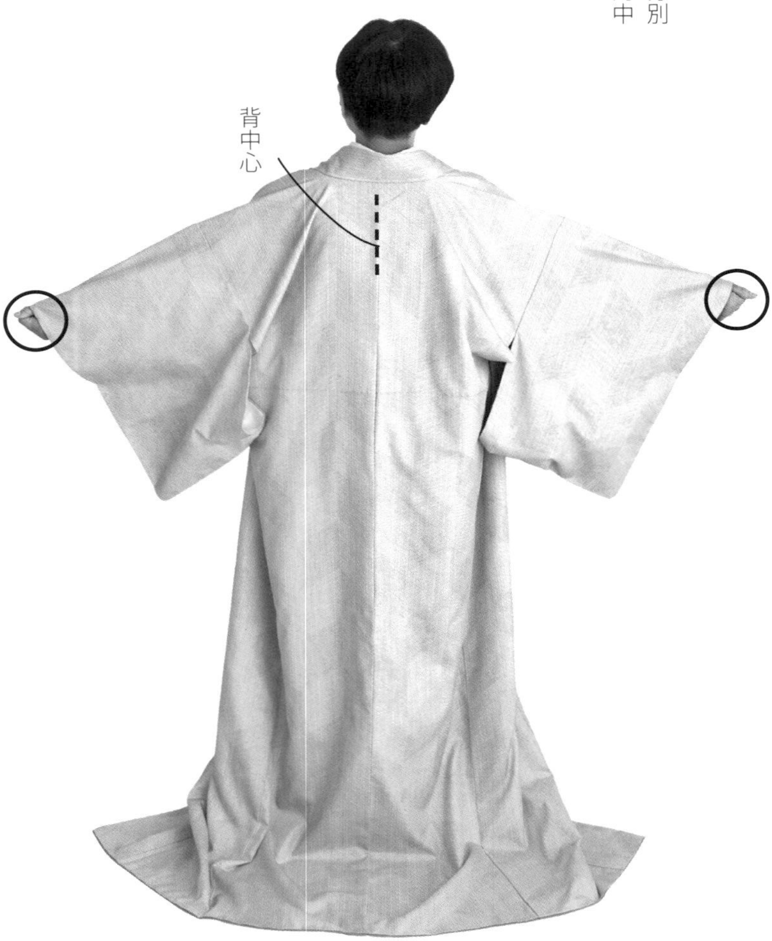

**5**

抓住和服的兩邊領衿最前端，先將和服拉起後再放下來決定長度。因為我喜歡穿短一點，所以長度會落在腳踝。

**6**

將下前的領衿最前端往身體左邊拉，與上前合併。

＊如果和服的寬度與自己的體型不合，先確認上前的寬度後，再與下前合併。兩邊闔上後，衣角會略微上揚。

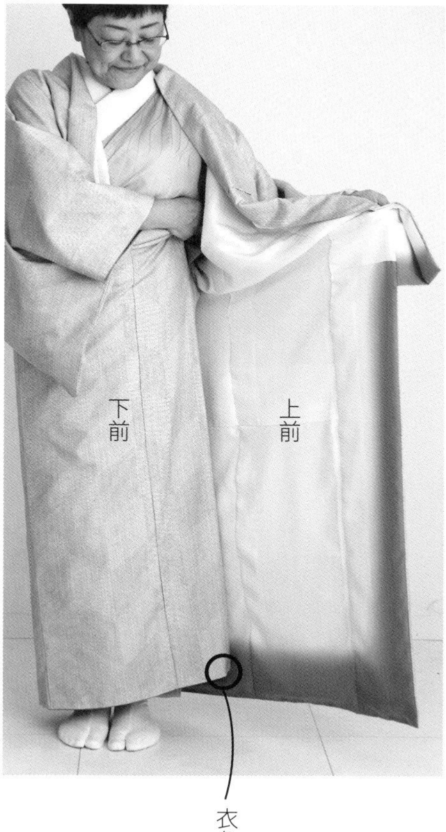

**7** 要與下前疊在一起般，蓋上上前。

**8** 將腰紐放在腰骨上方一點的地方。我使用的是鬆緊帶式腰紐。

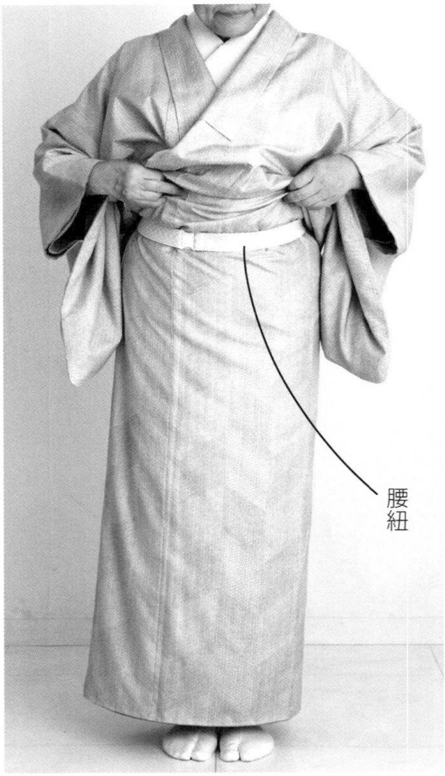

## 9

把和服上半身多出來的部分往下摺，手從腋下兩側的開口往後伸，將多出來的部分整理好。

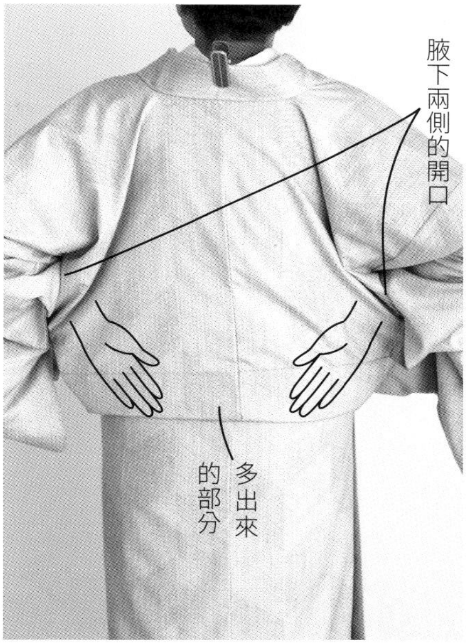


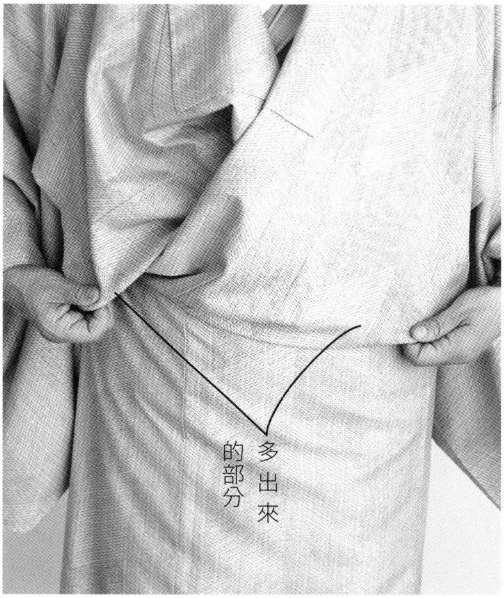

**10**

左手從腋下的開口伸進去，將下前的領衿往內摺，並把多餘的長度弄成一片。右手抓著上前的領衿，左手抓住下前的領衿，將兩個領衿合併。

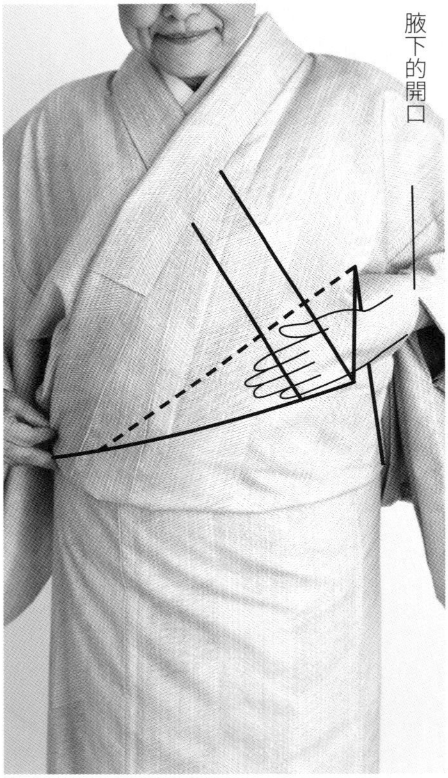


**11**

要留意不要讓領衿合併的地方跑掉，在胸部下緣綁上伊達締。

＊伊達締的綁法請參照一二二～一二三頁。

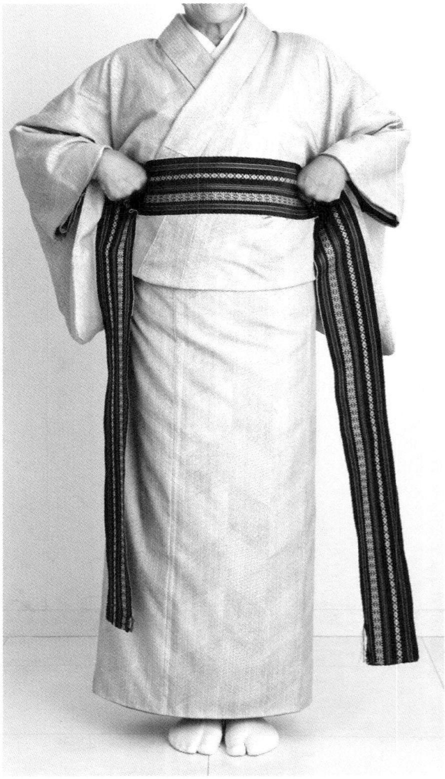

**12** 將背部的皺褶往左右拉平。

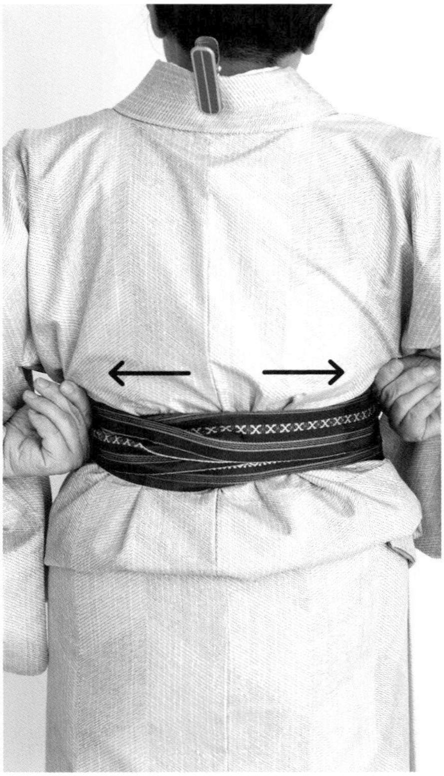

從側面看是這種感覺。

和服就穿好了。

將和服多出來的部分弄成一片後，腰部看起來很清爽。

# 大布包的作法

*作品請參照第六頁

【作品完成尺寸】
寬…42公分
高…28公分
深…6公分

【材料】
表布A、表布B、表布C（條紋木棉）
5種X各適量
表布D（素色木棉）：5種X各適量
提把布（素色木棉）：24X39公分
裡布（格紋木棉）：66X64公分
薄的黏著襯（表布用）：42X62公分
薄布襯（提把用）：20X37公分

【裁法】
・表袋的表布與提把布，布與接著芯裁成同樣的尺寸，貼合起來，做記號。
・表布A和表布B入口側的縫分為二公分，其他表布和裡布的縫分為一公分。

【作法】
・將表布A和B接合在一起，調整縫分的尺寸。
・將表布D裁成適當大小，與表布A和表布B接合在一起。
・表布A、表布B、表布D用薄的接著芯黏貼，依照步驟1～7縫製。提把的芯依照步驟4做出假縫線。

●圖中所標示的尺寸皆為公分

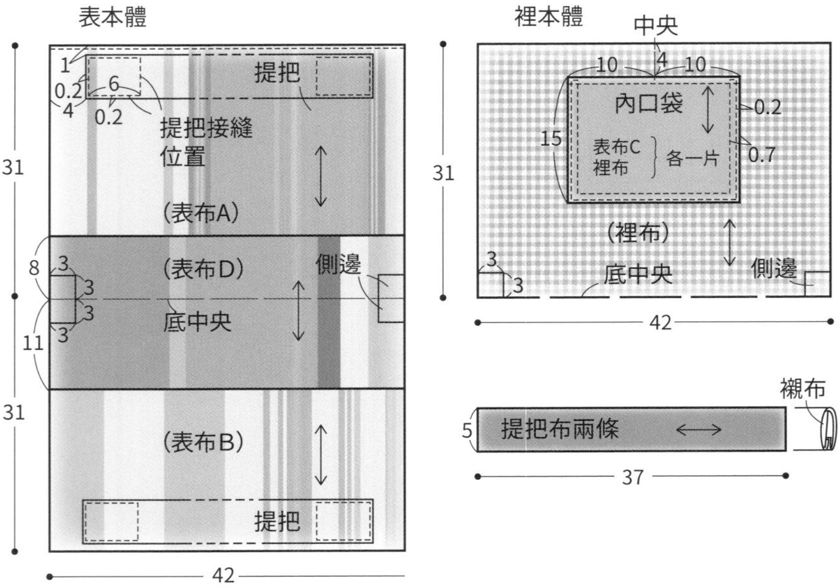


## 作法

❶ 表布A、表布B、表布D用薄的接著芯黏貼，做記號

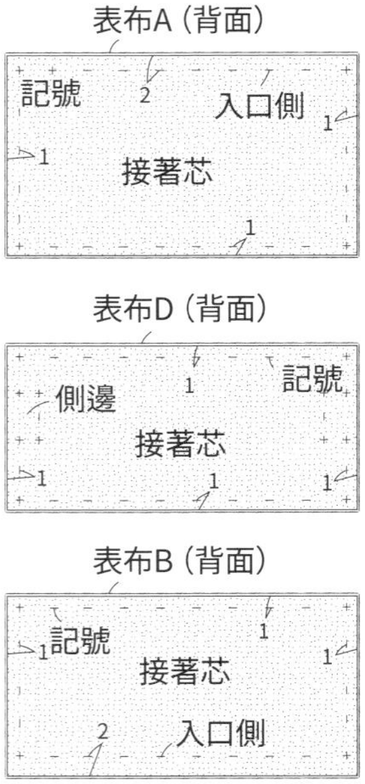

## 2 製作表本體

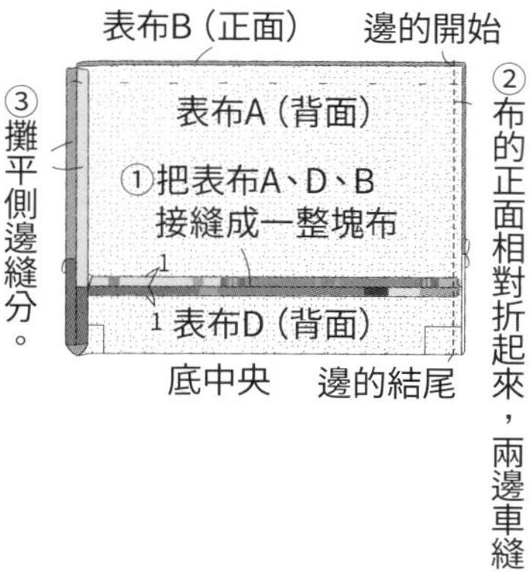


## 3 製作內口袋

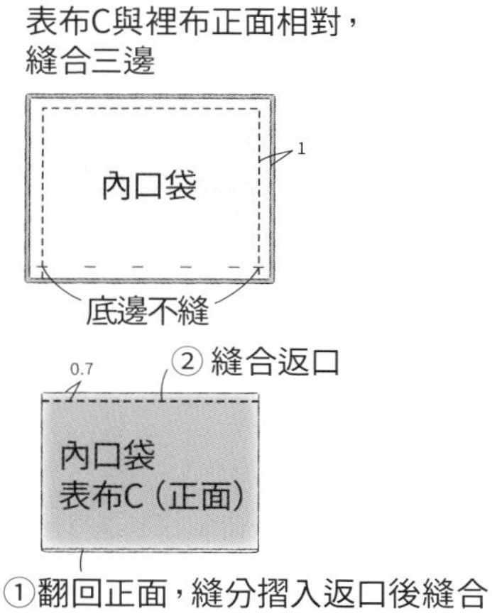


## 4 製作提把

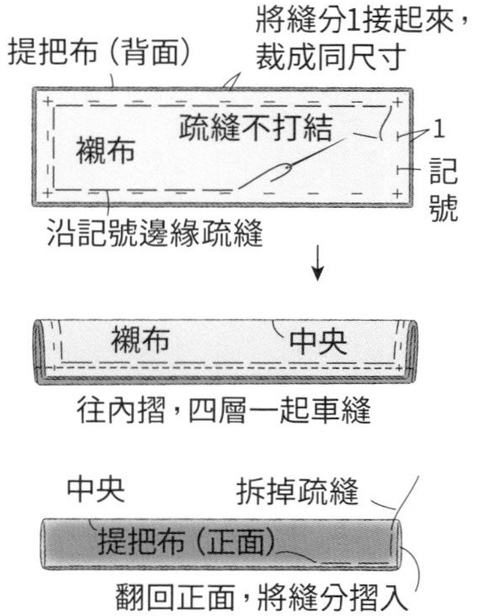


## 5 製作裡本體

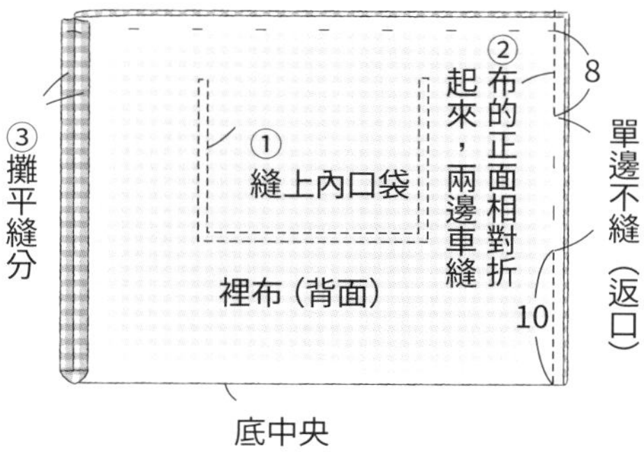


## 6 縫合表本體和裡本體

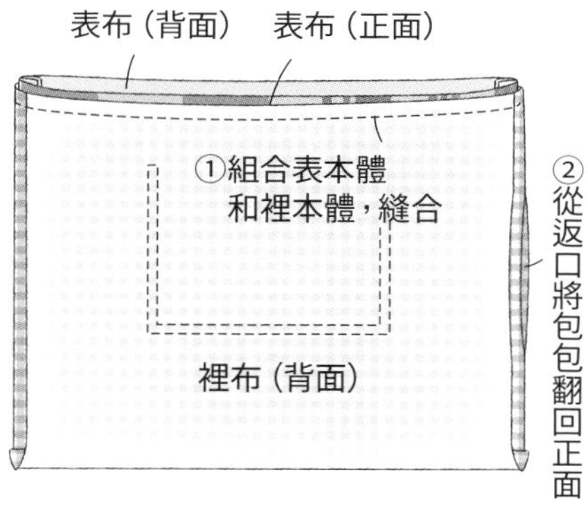


## 7 完成

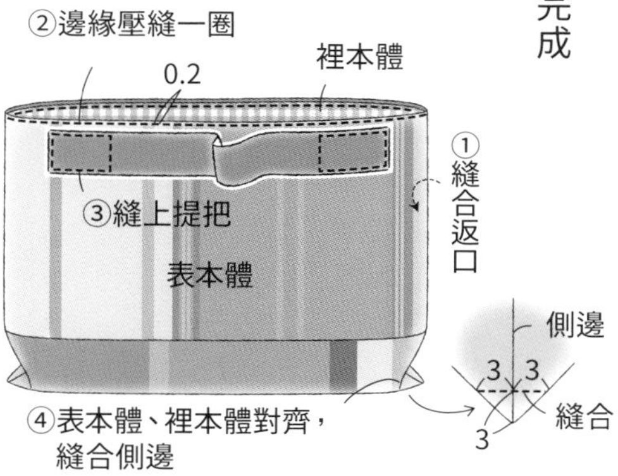

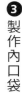

# 前掛的作法

＊作品請參照四十八頁

【完成尺寸】

寬…76公分

長（鬆緊帶以下）…80公分

【材料】

表布（格紋木棉）…80 x 84公分

別布A（木棉）…44 X 34公分

別布B（木棉）…13 X 238公分

【裁法】

・表布（前掛）脇邊的縫分二公分、下緣的縫份三公分

・別布A（口袋）入口處的縫份五公分、其他全部的縫份都是一公分

【作法重點】

・摺三摺的地方可以用熨斗燙過，就會有明顯的摺痕，然後再開始縫。

●圖中所標示的尺寸皆為公分

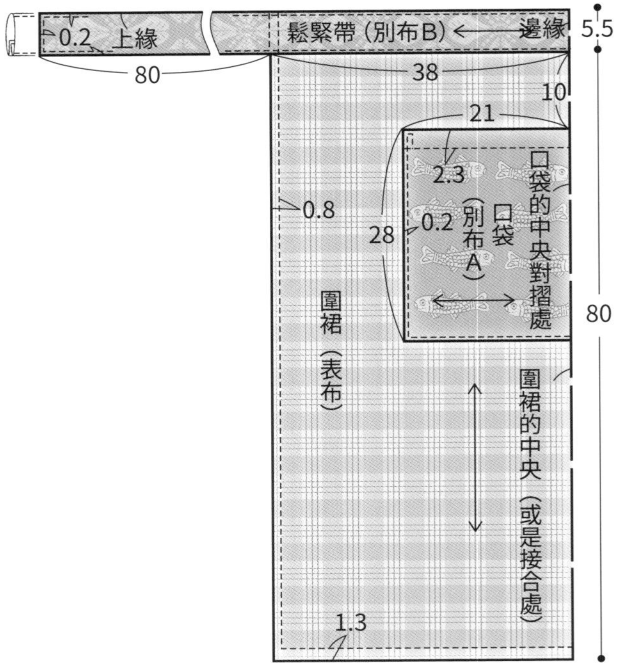


作法

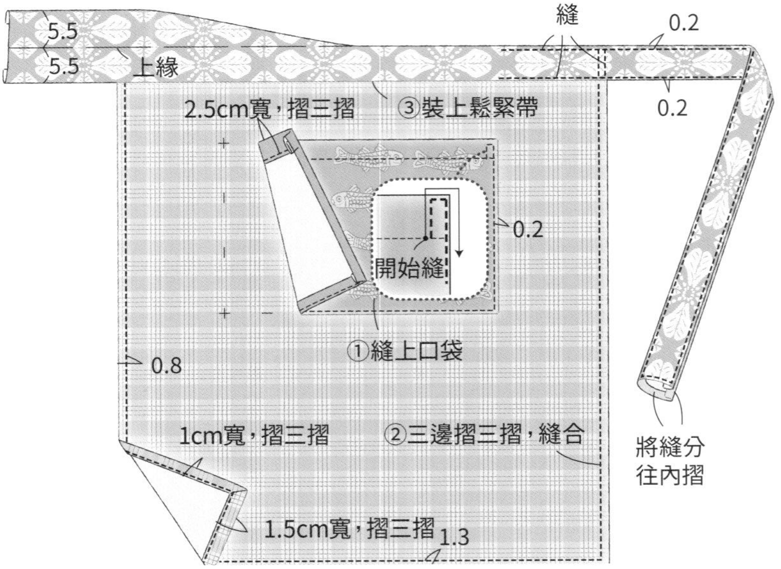

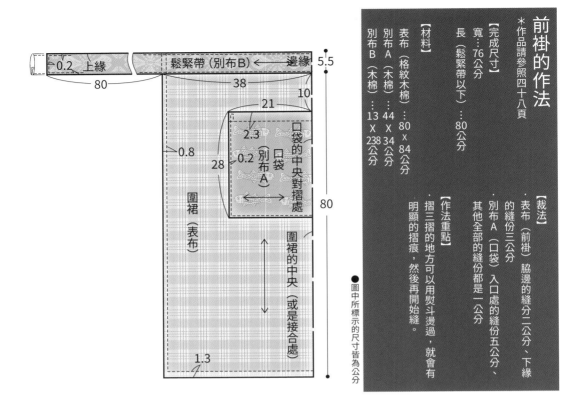

# 寬鬆短褲的作法

＊作品請參照一一九頁

【完成尺寸】

腰身…看個人尺寸
臀圍…112公分
長度……81公分

【材料】

印花圖案木棉…110寬X180公分
鬆緊帶…6CX120公分

【裁法】

・腰部與褲腳的縫分各為四公分，其他部分的縫分全部是一公分。

【作法重點】

・裁布後的脫線處先用家用拷克機處理，或是全部使用縫紉機。

●圖中所標示的尺寸皆為公分

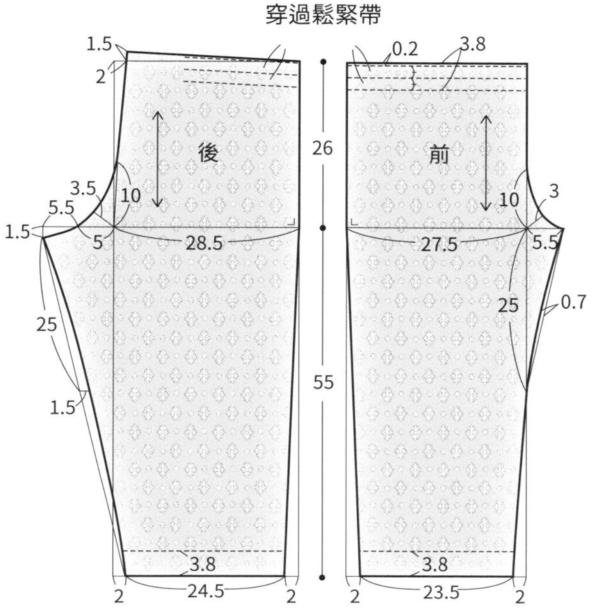


作法

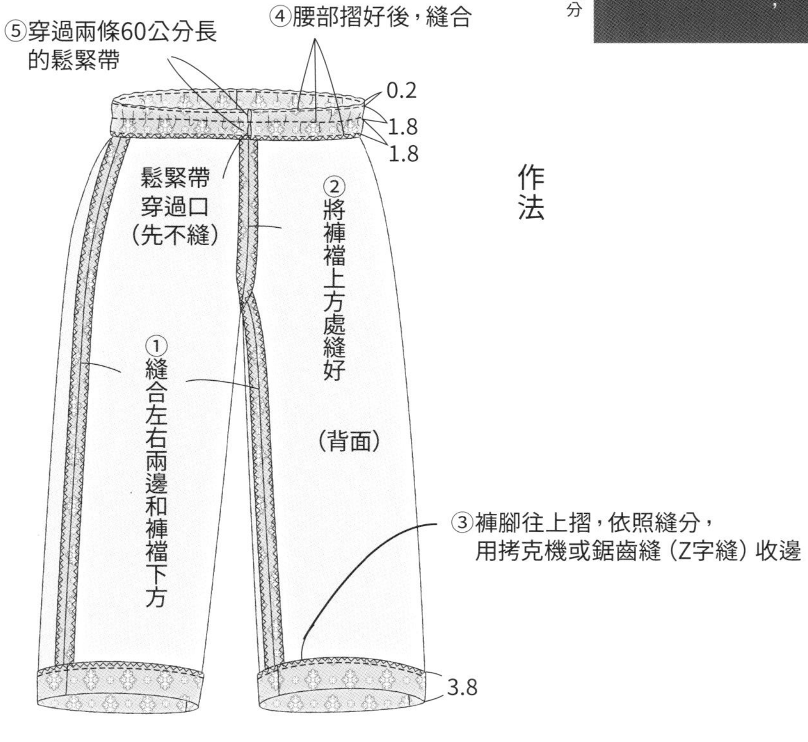

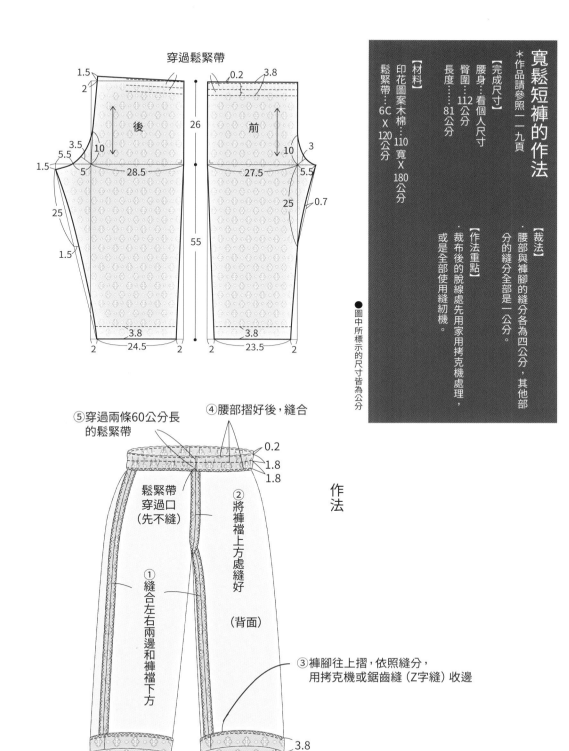

# 二部式帶的作法

*作品請參照三十頁

【作品完成尺寸】

腰帶…寬15.5公分　長…185公分

太鼓…寬31公分（長度依各人喜好而決定）

【材料】

表布（有花紋的木棉）…105公分寬X220公分

襯布…35公分寬X451公分

綁繩（斜紋織鬆緊帶）…2.8公分寬X156公分

【裁法】

・襯布依照完成品的尺寸來裁剪，表布要在周圍多留二公分縫分。

・裁剪襯布和表布時，布紋都是橫向。

【作法重點】

・襯布與表布重疊，小心地疏縫。只有縫合表布，最後拆掉疏縫。太鼓的與手先以同樣的方法縫，照圖示來完成。

・腰帶纏繞身體的部分請配合體型來調整長度。

●圖中所標示的尺寸皆為公分

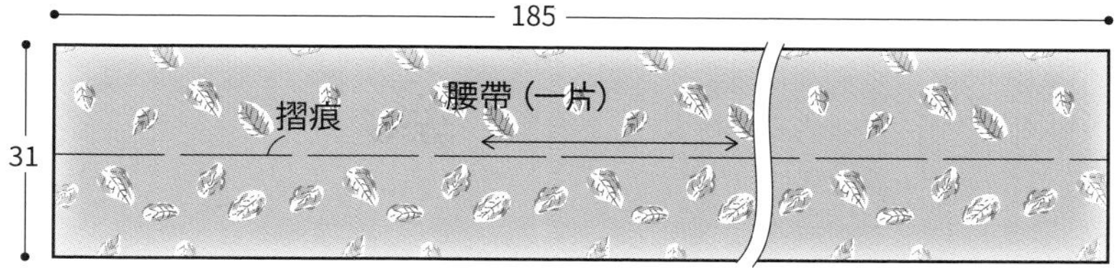


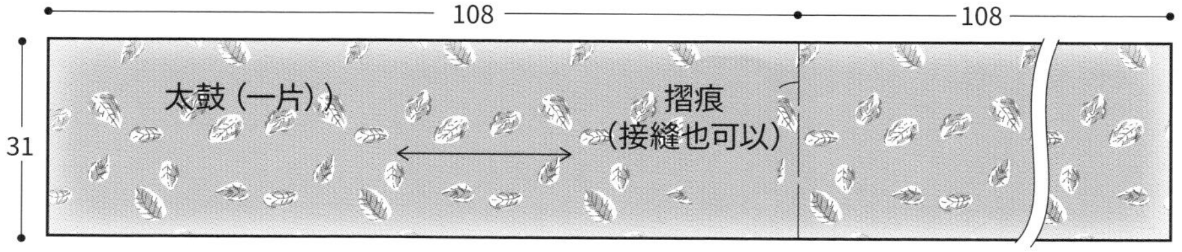


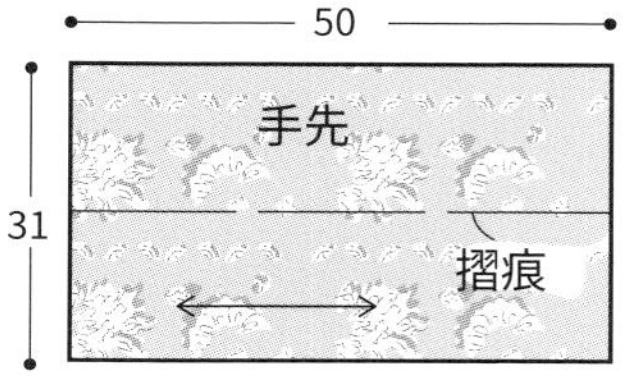


腰帶的縫法

和手先的做法相同，縫合襯布與表布（兩端不縫）後，翻回正面，將綁繩穿進去即完成。

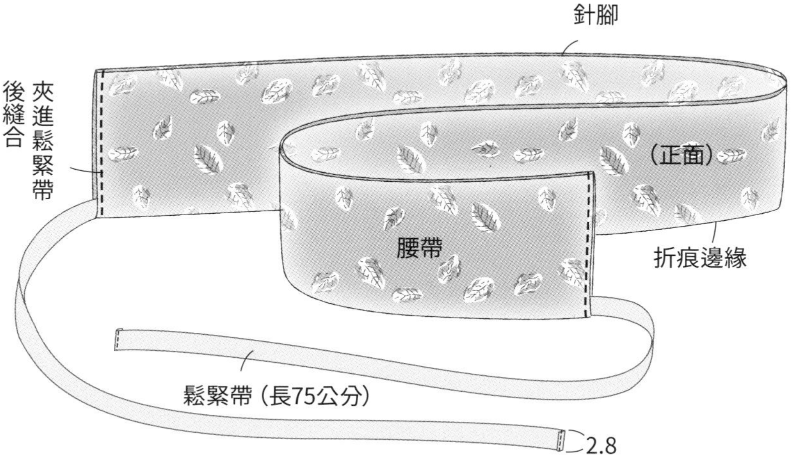

# 手先與太鼓的縫法

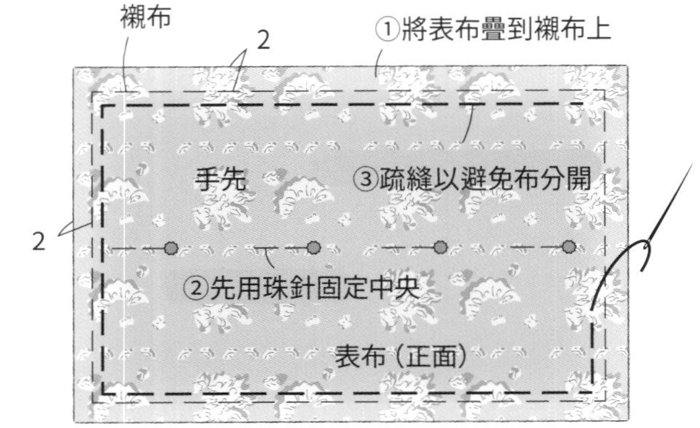

襯布
2
①將表布疊到襯布上
手先
③疏縫以避免布分開
2
②先用珠針固定中央
表布（正面）


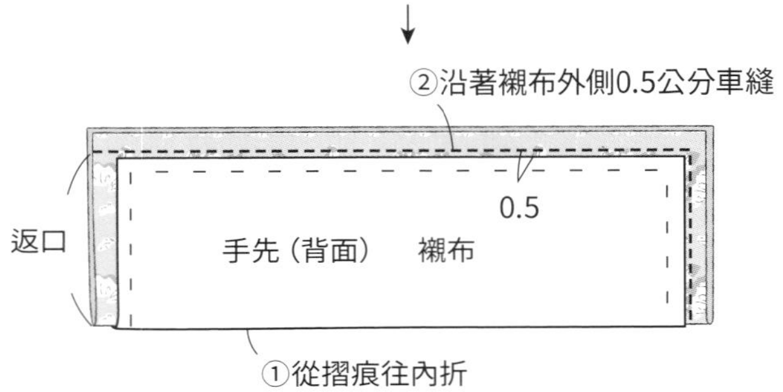

②沿著襯布外側0.5公分車縫
0.5
返口
手先（背面）　襯布
①從摺痕往內折


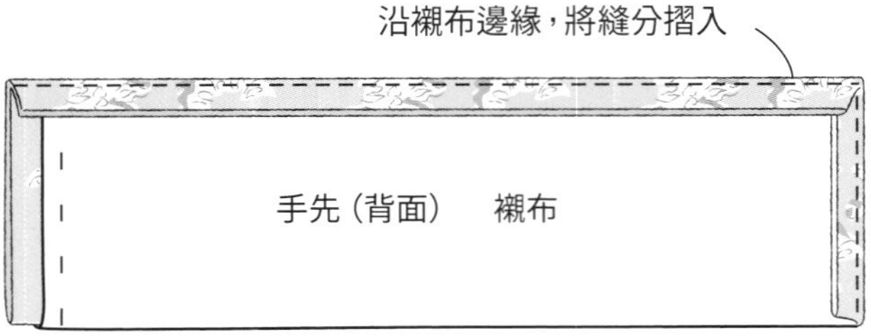

沿襯布邊緣，將縫分摺入
手先（背面）　襯布


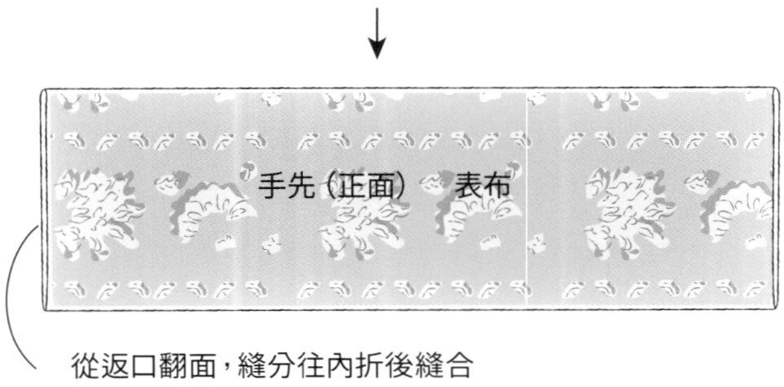

手先（正面）　表布
從返口翻面，縫分往內折後縫合

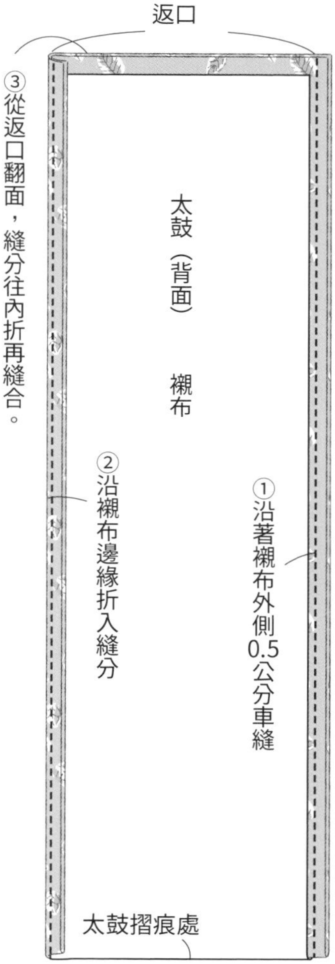
返口
③從返口翻面，縫分往內折再縫合。
太鼓（背面）
襯布
②沿襯布邊緣折入縫分
①沿著襯布外側0.5公分車縫
太鼓摺痕處

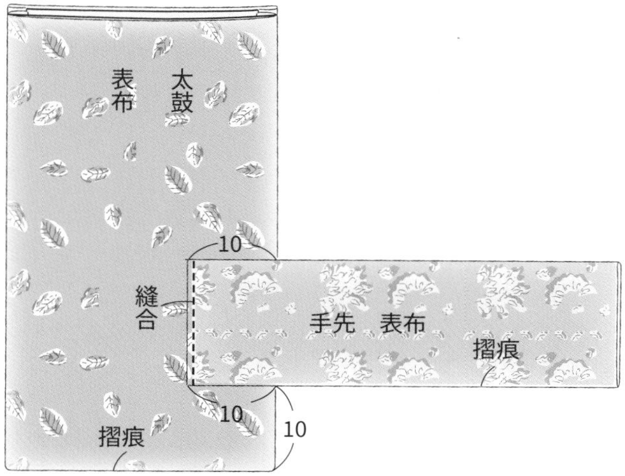
表布
太鼓
10
縫合
手先 表布
摺痕
10
10
摺痕

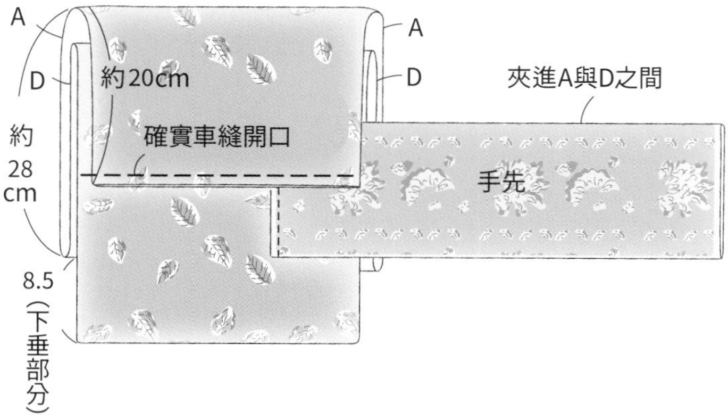
A
A
D
D
約20cm
夾進A與D之間
約
28
cm
確實車縫開口
手先
8.5
（下垂部分）

作者簡介

森田元子（もりた　もとこ）

在京都吳服街室町出生長大，家業與和服沒有任何關聯，但因為她喜愛和服，二〇〇四年十月於室町通開了一家小小的和服店「omo」。她會開始留意到和服是因為接觸到舊和服，於是她心想「既然要穿就要穿出自我風格」，用自己喜歡的布料來做腰帶等，貫徹自己的風格，其獨特的風格吸引不少粉絲追隨。目前在「NHK時尚講座」等電視節目擔任講師，在NHK京都文化中心開設「用伊勢木棉製作二部式帶」等講座（不定期）。

LIFE 050

**和服：木棉、絲綢、小紋，森田元子的優雅穿搭提案**

作　者—森田元子（もりた　もとこ）
譯　者—謝晴
主　編—邱憶伶
責任編輯—陳詠瑜
校　對—聞若婷
行銷企畫—林欣梅
封面設計—FE 設計
內頁設計—李莉君

編輯總監—蘇清霖
董　事　長—趙政岷
出　版　者—時報文化出版企業股份有限公司
一〇八〇一九臺北市和平西路三段二四〇號三樓
發行專線—（〇二）二三〇六—六八四二
讀者服務專線—〇八〇〇—二三一—七〇五
（〇二）二三〇四—七一〇三
讀者服務傳真—（〇二）二三〇四—六八五八
郵撥—一九三四四七二四時報文化出版公司
信箱—一〇八九九臺北華江橋郵局第九九號信箱
時報悅讀網—http://www.readingtimes.com.tw
電子郵件信箱—newstudy@readingtimes.com.tw
時報出版愛讀者粉絲團—https://www.facebook.com/readingtimes.2
法律顧問—理律法律事務所　陳長文律師、李念祖律師
印　刷—金漾印刷有限公司
初版一刷—二〇二一年五月二十八日
定　價—新臺幣三八〇元
（缺頁或破損的書，請寄回更換）

時報文化出版公司成立於一九七五年，
一九九九年股票上櫃公開發行，二〇〇八年脫離中時集團非屬旺中，
以「尊重智慧與創意的文化事業」為信念。

和服：木棉、絲綢、小紋，森田元子的優雅穿搭提案/森田元子著；謝晴譯. -- 初版. -- 臺北市：時報文化出版企業股份有限公司, 2021.05
144面；　17x23公分. -- (LIFE；50)
譯自：きもの3枚から始める！ 着こなし便利帖：木綿・紬・小紋で、お散歩から気軽なパーティまで
ISBN 978-957-13-8860-1(平裝)
1.服裝　2.日本
423.391　　110004816



ISBN 978-957-13-8860-1
Printed in Taiwan